T0193851

essentials

essentials liefern aktuelles Wissen in konzentrierter Form. Die Essenz dessen, worauf es als „State-of-the-Art" in der gegenwärtigen Fachdiskussion oder in der Praxis ankommt. *essentials* informieren schnell, unkompliziert und verständlich

- als Einführung in ein aktuelles Thema aus Ihrem Fachgebiet
- als Einstieg in ein für Sie noch unbekanntes Themenfeld
- als Einblick, um zum Thema mitreden zu können

Die Bücher in elektronischer und gedruckter Form bringen das Expertenwissen von Springer-Fachautoren kompakt zur Darstellung. Sie sind besonders für die Nutzung als eBook auf Tablet-PCs, eBook-Readern und Smartphones geeignet. *essentials:* Wissensbausteine aus den Wirtschafts-, Sozial- und Geisteswissenschaften, aus Technik und Naturwissenschaften sowie aus Medizin, Psychologie und Gesundheitsberufen. Von renommierten Autoren aller Springer-Verlagsmarken.

Weitere Bände in der Reihe http://www.springer.com/series/13088

Patric U. B. Vogel

Trending in der pharmazeutischen Industrie

 Springer Spektrum

Patric U. B. Vogel
Vogel Pharmopex24
Cuxhaven, Deutschland

ISSN 2197-6708   ISSN 2197-6716   (electronic)
essentials
ISBN 978-3-658-32206-9   ISBN 978-3-658-32207-6   (eBook)
https://doi.org/10.1007/978-3-658-32207-6

Die Deutsche Nationalbibliothek verzeichnet diese Publikation in der Deutschen Nationalbibliografie; detaillierte bibliografische Daten sind im Internet über http://dnb.d-nb.de abrufbar.

Planung/Lektorat: Stefanie Wolf
Springer Spektrum ist ein Imprint der eingetragenen Gesellschaft Springer Fachmedien Wiesbaden GmbH und ist ein Teil von Springer Nature.
Die Anschrift der Gesellschaft ist: Abraham-Lincoln-Str. 46, 65189 Wiesbaden, Germany

Was Sie in diesem *essential* finden können

- Eine Einführung in Trendanalyse-Methoden
- Die Darstellung, wie und wofür Trending im pharmazeutischen Betrieb genutzt wird
- Eine Übersicht über einfache, nicht-statistische Trendanalysen
- Beispiele für statistische Trendanalyse-Methoden
- Eine Darstellung, welche Vorteile Trendanalysen bieten, um die Produktqualität sicherzustellen und wirtschaftliche Verluste zu vermeiden

Inhaltsverzeichnis

Einleitung 1

In der pharmazeutischen Industrie werden verschiedenste Arzneimittel unter Berücksichtigung der Grundsätze zur guten Herstellungspraxis (**Good Manufacturing Practice, GMP**) gefertigt. Die GMP-Richtlinien unterliegen einem ständigen Wandel, der durch wissenschaftliche und technologische Fortschritte, aber auch durch Komplikationen bei der Anwendung von Arzneimitteln bedingt ist. Das Ziel ist es, die Anforderung an die Herstellung von Arzneimittel ständig zu verbessern, um die **Patientensicherheit** sicherzustellen. Die Hersteller von Arzneimittel müssen diese Vorgaben berücksichtigen und ihre Abläufe anpassen, sofern Neuerungen eingeführt werden. Ein Aspekt, der seit einigen Jahren immer mehr in den Fokus gerät, und sich zu einem wichtigen Top-Thema im pharmazeutischen Betrieb entwickelt hat, sind **Trendanalysen** oder kurz **Trending** genannt. Darunter versteht man das Verfolgen von Aufzeichnungen/Daten über die Zeit und das Erkennen von Entwicklungen.

Das Thema an sich werden viele aus dem Alltagsleben kennen, häufig machen wir dies intuitiv und teilweise, ohne uns darüber bewusst zu sein. Sofern wir jeden Tag mit dem Zug zur Arbeit fahren, merken sich einige die genaue Ankunftszeit des Zuges. Im Falle, dass der Zug dann zunehmend später kommt, vielleicht durch ein erhöhtes Fahrgastaufkommen, bemerken wir dies, da es anders als zuvor ist und unser zeitlicher Puffer, rechtzeitig zur Arbeit zu kommen, schrumpft. In diesem Fall wird intuitiv **Trending** betrieben, wir verfolgen einen Aspekt (hier Ankunftszeit des Zuges) und bemerken eine Veränderung (zunehmende Verspätung), die potenziell Konsequenzen haben kann, z. B. dass wir zu spät zur Arbeit kommen. Im pharmazeutischen Betrieb ist das nicht anders. Das Ziel ist, alle Abläufe unter Kontrolle zu halten. Bei der Komplexität der Abläufe lässt sich aber nicht verhindern, dass sich einige Größen verändern.

© Der/die Autor(en), exklusiv lizenziert durch Springer Fachmedien Wiesbaden GmbH, ein Teil von Springer Nature 2020
P. U. B. Vogel et al., *Trending in der pharmazeutischen Industrie*, essentials, https://doi.org/10.1007/978-3-658-32207-6_1

Der Herstellungs- und Freigabeprozess von Arzneimitteln ist komplex und kann Wochen bis zu vielen Monaten in Anspruch nehmen. Arzneimittel werden in abgegrenzten Einheiten, sog. Chargen, gefertigt (z. B. 100.000 Behälter). Je nach Produktionsschema und Anzahl von Produktionslinien wird dann parallel oder einige Wochen bzw. Monate später die nächste Charge gefertigt. Während dieser Zeit wird in allen Stufen des Herstellungsprozesses eine enorme Menge an Daten erzeugt und dokumentiert. Während der Produktion zeichnen Anlagen mittels Sensoren (z. B. Reinstwasser-Anlagen, Zentrifugen, Fermenter, Abfüllanlagen, Gefriertrocknungsanlagen) elektronisch verschiedenste **Daten** (z. B. je nach Anlage Temperatur, Luftfeuchte, Druck, Leitfähigkeit, pH-Wert, Sauerstoffverbrauch, Zeit, Flussgeschwindigkeit etc.) auf. Einige dieser Daten werden ausgedruckt. Neben den Aufzeichnungen von Anlagen kommen weitere Aufzeichnungen durch das Personal hinzu, z. B. Mengenangaben oder Zeiten während der Herstellungsschritte. Zusätzlich erfolgen zur Überprüfung von wichtigen **Qualitätsmerkmalen** In-Prozess-Kontrollen und abschließend Freigabeprüfungen in der Qualitätskontrolle. Selbst nach Abschluss der Herstellung werden weitere Daten erzeugt, da die Lagerung der Fertigware in temperaturkontrollierten Räumlichkeiten erfolgt und auch der Vertrieb der Ware unter kontrollierten Transportprozessen zu erfolgen hat. Im Normalbetrieb bewegen sich die Parameter im Sollbereich, also einem Bereich, in dem mit hoher Sicherheit ein Produkt entsteht, dass sämtliche **Qualitätsanforderungen** erfüllt.

Bei der Fertigung einer Charge werden die aufgezeichneten Daten und Protokolle zur sog. **Chargendokumentation** zusammengeführt und nach Freigabe der Ware archiviert. Somit bilden auch Chargendokumentation physisch abgegrenzte Einheiten, die nicht miteinander zusammenhängen. Im Gegensatz hierzu werden bei Verwendung von sog. L̲abor- I̲nformations-M̲anagement-S̲ystemen (sog. LIMS) die Aufzeichnungen während oder nach Abschluss der Tätigkeiten direkt elektronisch erfasst.

Ziel von **Trendanalysen** ist es, chargenübergreifend bestimmte Eigenschaften zu verfolgen und Veränderungen feststellen zu können. Trendanalysen sind ein gutes Beispiel, dass GMP-Anforderungen nicht nur dazu dienen, die **Patientensicherheit** zu erhöhen, sondern auch um pharmazeutische Unternehmen vor wirtschaftlichem Schaden zu bewahren. Sofern sich eine wichtige Eigenschaft verändert (z. B. durch eine unerkannte Fehlerquelle), kann dies je nach Ausprägung dazu führen, dass der Prozess außer Kontrolle gerät. Sofern das Qualitätsmerkmal nicht mehr den **Spezifikationen** entspricht, muss das Produkt im schlimmsten Fall vernichtet werden. Dies bedeutet hohe wirtschaftliche Kosten für das Unternehmen. Mittels Trendanalysen lassen sich einige dieser unerwünschten Veränderungen frühzeitig erkennen. Das Erkennen versetzt Fachkräfte in die Lage, die Ursache zu erforschen und den Prozess durch geeignete Maßnahmen in den Zustand der Prozesskontrolle zu halten bzw. zurückzuführen. Veränderungen können vielfältige Gründe haben. Das kann durch die fortschreitende Abnutzung (Alterung) von Ausrüstungsgegenständen oder Produktionsanlagen, unerkannte **Qualitätsunterschiede** von Ausgangsstoffen, dem Verblassen von Wissen aus Schulungen, saisonale Effekte (Sommer vs. Winter) und vieles mehr bedingt sein.

Auch beim Beispiel mit dem Zug ist es nicht anders. Sofern wir darauf angewiesen sind, dass der Zug rechtzeitig kommt, da wir zu einer bestimmten Uhrzeit an einem Zielort wie der Arbeitsstätte sein müssen, ist eine allmähliche Verspätung ärgerlich. In diesem Fall gerät unser System (Nutzung des Zugs als Mittel zur Arbeit) langsam außer Kontrolle. Hier sind wir aber machtlos, d. h. wir haben gewöhnlich keinen Einfluss darauf, wann der Zug kommt. Letztlich könnten wir aber mit einer **Maßnahme,** z. B. dem Wechsel auf einen Bus, sicherstellen, weiterhin rechtzeitig zur Arbeit zu kommen. Im Gegensatz hierzu hat der Spezialist im pharmazeutischen Betrieb meist Einfluss auf das untersuchte Objekt. Zum Beispiel könnte bei zunehmendem Verschleiß einer älteren Produktionsanlage mit verkürzten Wartungsintervallen die Funktionsweise angemessen aufrechterhalten werden, ohne dass die Produktionsanlage sofort gewechselt werden muss.

Dieses Buch zeigt anhand einfacher Beispiele verschiedene Formen von **Trendanalysen** in pharmazeutischen Unternehmen.

Anforderungen, Datentypen, Arten von Trends

2

2.1 Anforderungen

Bevor verschiedene Methoden dargestellt werden, die für **Trending** eingesetzt werden, wollen wir uns einen Überblick verschaffen, was auf Trends untersucht werden sollte. Die Anforderung bestimmte Eigenschaften auf Trends zu untersuchen, stammt aus dem **GMP-Leitfaden.** Dieser ist ein umfassendes Werk, dass Gültigkeit für alle in der EU ansässigen Hersteller von Arzneimitteln sowie Herstellern, die ihre Produkte in der EU vertreiben wollen, hat. Im EU GMP-Leitfaden werden die qualitätsrelevanten Mindestanforderungen verschiedenster Bereiche (z. B. Qualitätskontrolle oder Produktion) sowie von essentiellen Prozessen (Dokumentation, Handhabung von Änderung etc.) beschrieben (EudraLex 2020). Der GMP-Leitfaden nennt die Wörter Trend oder Trending an verschiedenen Stellen und es ist davon auszugehen, dass die Bedeutung des Trendings auch im GMP-Leitfaden in Zukunft zunehmen wird.

Zum Beispiel steht in Teil 1, Kap. 1, dass sich mit Qualitätsmanagement beschäftigt, unter Unterpunkt 1.10 (**Produktqualitätsüberprüfung**):

„Es sollten regelmäßig periodische oder wiederkehrende Qualitätsüberprüfungen aller zugelassenen Arzneimittel einschließlich der nur für den Export bestimmten Produkte mit dem Ziel durchgeführt werden, die Beständigkeit des gegenwärtigen Prozesses und die Geeignetheit der aktuellen Spezifikationen sowohl für die Ausgangsstoffe als auch für das Fertigprodukt zu verifizieren, um Trends hervorzuheben sowie Verbesserungsmöglichkeiten für Produkte und Abläufe zu identifizieren. Solche Überprüfungen sollten normalerweise unter Berücksichtigung vorhergehender Überprüfungen jährlich durchgeführt und dokumentiert werden und mindestens Folgendes beinhalten: ..." (EU-GMP Leitfaden 2013, Teil 1, Kap. 1, Produktqualitätsprüfung, Punkt 1.10).

© Der/die Autor(en), exklusiv lizenziert durch Springer Fachmedien Wiesbaden GmbH, ein Teil von Springer Nature 2020
P. U. B. Vogel et al., *Trending in der pharmazeutischen Industrie*, essentials, https://doi.org/10.1007/978-3-658-32207-6_2

Diese Anforderung wird durch regelmäßig sog. PQRs (Abkürzung des englischen Begriffs Produkt Quality Review) abgedeckt. Das sind schriftliche Dokumente, die alle wesentlichen Aktivitäten und Ereignisse eines Produkts in einer bestimmten Periode zusammenfassen und bewerten. Zum Beispiel ist hier enthalten, wie viele Chargen des Produkts hergestellt wurden, ob die Chargen freigegeben oder gesperrt wurden, wie viele Abweichungen von den festgelegten Prozeduren vorgekommen sind und viele weitere Aspekte. Die Anforderung des GMP-Leitfadens nennt u. a., dass es um die Beständigkeit des Prozesses geht und diese Überprüfung im Vergleich zu Vorperioden erfolgen sollte. Dies allein stellt bereits ein **Trending** dar, da die aktuellen Zahlen mit den Zahlen aus der Vorperiode verglichen werden sollen. Eine wichtige Aussage ist, auf Basis dieser Bewertung Verbesserungsmöglichkeiten zu identifizieren. Es gibt für jeden pharmazeutischen Prozess einen Blumenstrauß von Möglichkeiten, die Anforderungen umzusetzen. D. h. sofern wir ein und denselben Prozess hintereinander in verschiedenen Betrieben beleuchten, würden wir feststellen, dass es verschiedene Möglichkeiten der Umsetzung gibt. Der eine dokumentiert eine bestimmte Tätigkeit, z. B. die Probenübergabe zwischen verschiedenen Abteilungen, auf drei Seiten, der andere dokumentiert die gleiche Tätigkeit auf einer Seite. Die etablierten Prozesse basieren häufig auf den Kenntnissen der zuständigen Mitarbeiter, Empfehlungen, die externe Berater gegeben haben oder Anforderungen, die von behördlichen Vertretern im Rahmen von Inspektionen gestellt worden. Ganz gleich wie Prozesse etabliert wurden, sie sind selten perfekt. Einige mögen Fehlerquellen zulassen, die sich nur unter bestimmten Voraussetzungen auswirken. Andere mögen eine Fehlinterpretation der **GMP-Anforderungen** sein, aufgrund Personalknappheit nicht bearbeitet werden oder bei Aktualisierungen der GMP-Anforderungen nicht ausreichend umgesetzt werden. **Trendanalysen** helfen, Schwachstellen oder Veränderungen zu identifizieren, um diese durch geeignete Maßnahmen abzustellen bzw. unter Kontrolle zu halten.

Daneben gibt es bezüglich **Trendanalysen** eine Passage in Kap. 6, dass sich mit der Qualitätskontrolle beschäftigt:

„Einige Daten (z. B. Testergebnisse, Ausbeuten, Umgebungskontrollen) sollten so aufgezeichnet werden, dass Trends ermittelt werden können. ..." (EU GMP-Leitfaden 2014; Kap. 6, Dokumentation, Punkt 6.9).

Dies ist eine Empfehlung und keine allgemeingültige Anforderung und bedeutet noch kein **Trending,** sondern dass einige Daten so aufbewahrt werden sollen, dass **Trendanalysen** möglich sind. Das hört sich oberflächlich an, ist aber ein wichtiger Punkt. Trendanalysen können nicht aus dem Stand heraus ausgeführt werden. Es müssen zunächst Daten erhoben und so aufbereitet werden, dass Trendanalysen überhaupt erst möglich sind. Wir werden in diesem Buch zusätzlich lernen, dass Trendanalysen nicht nur zur Verbesserung der **Produktqualität,** sondern auch zur Vermeidung wirtschaftlicher Kosten beitragen können. Somit hat der pharmazeutische Unternehmer zwei Anreize Trending zu betreiben. Das soll aber nicht bedeuten, dass es sinnvoll ist, jeglichen Prozess auf Trends zu untersuchen. Diese Tätigkeit kostet Zeit und muss vom jeweiligen Hersteller risikobasiert festgelegt werden.

Eine weitere Passage bezüglich Trending ist im selben Kap. 6 (Fortlaufendes Stabilitätsprogramm, Punkt 6.32) enthalten:

„Die Anzahl der geprüften Chargen und die Prüffrequenz sollten eine ausreichende Datenmenge liefern, um Trendanalysen zu ermöglichen. ..." (EU GMP-Leitfaden 2014, Teil 1, Kap. 6: Qualitätskontrolle, Fortlaufendes Stabilitätsprogramm, Punkt 6.32).

Ergebnisse außerhalb der **Spezifikation** werden auch **OOS** (Abkürzung des englischen Begriffs Out-of-Specification) genannt und werden über ein eignes Qualitätssystem, das sog. OOS-Verfahren, dokumentiert, untersucht und bewertet. Hierbei sind praxisorientierte Empfehlungen verfügbar, wie die OOS-Untersuchung ablaufen sollte (MHRA 2017). Auf einer höheren Ebene lassen sich OOS-Ergebnisse natürlich auch auf Trends untersuchen (z. B. im Rahmen des oben beschriebenen PQRs). Hierbei könnte die Analyse wie viele OOS (und ob sie gleichartig sind bzw. was die Fehlerursache war) in einem bestimmten Zeitraum aufgetreten sind, wertvolle Informationen liefern, um das Produkt zu verbessern bzw. die Fehlerursache zu identifizieren. In dem oben genannten Zitat ist allerdings der Begriff „signifikante atypische Trends" für unser Thema wichtiger. Die **Stabilität** von Arzneimitteln ist ein wichtiger Aspekt, da jedes Arzneimittel innerhalb des ausgewiesenen Haltbarkeitsdatums wirksam und sicher sein muss. Die Hersteller müssen jährlich neue Stabilitätsdaten erzeugen, um den Beibehalt der in der Zulassung festgelegten Haltbarkeit zu belegen. Es gibt viele Einflussgrößen, die auf die Haltbarkeit einen Einfluss haben können. Die Analyse von atypischen Trends zielt darauf ab, frühzeitig negative Veränderungen festzustellen. Dadurch haben der Hersteller und die Behörden Zeit, auf diese Veränderung reagieren zu können. In Kap. 5 werden wir uns mit der Analyse von **atypischen Trends** bei Stabilitäten beschäftigen.

Insgesamt beschäftigt das Thema verschiedene Abteilungen oder Gruppen z. B. die Produktion, Qualitätskontrolle oder Qualitätssicherung. Die Herstellungsprozesse müssen unter Kontrolle gehalten werden (Prozessmonitoring), aber auch die Qualitätskontroll-Abteilung hat eine zentrale Rolle im pharmazeutischen Prozess und ist in allen qualitätsrelevanten Abläufen involviert (Vogel 2020). Die

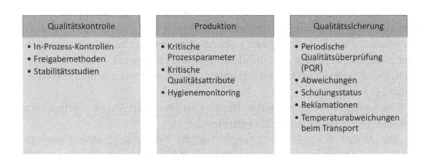

Abb. 2.1 Beispiele für Anwendungsgebiete für Trendanalysen in verschiedenen Abteilungen des pharmazeutischen Betriebs

Platzierung der Passagen zum **Trending** u. a. in Kap. 6, dass sich mit der Qualitätskontrolle beschäftigt (EudraLex 2014), ist somit nicht verwunderlich, da die Qualitätskontrolle viele Daten erzeugt, auf die ein Trending angewendet werden kann. Daneben ist die Qualitätssicherung mit der Überwachung der Einhaltung der GMP-Vorgaben beschäftigt. Hier ergeben sich diverse Möglichkeiten, mittels Trending an der kontinuierlichen Verbesserung von Prozessen beteiligt zu sein (Abb. 2.1).

2.2   Datentypen

Zunächst müssen wir uns bewusst sein, dass nicht alle Daten gleich sind. Es gibt verschiedene **Datentypen,** die grob in qualitative und quantitative Daten unterschieden werden. Dafür sind auch die Begriffe Merkmal und Merkmalsausprägung wichtig. Ein Merkmal ist z. B. die Körpergröße. Eine Merkmalsausprägung ist eine individuelle Messung, z. B. eine Person mit 183 cm. Die Messung anderer Personen erbringt dann weitere Merkmalsausprägungen für das Merkmal Körpergröße. Die Körpergröße ist ein Beispiel für ein quantitatives Merkmal. Im pharmazeutischen Betrieb gibt es beide Datentypen. Der pH-Wert einer Zwischenstufe des Arzneimittels ist ein Beispiel für ein quantitatives Merkmal. Die Ausprägungen sind die Ergebnisse der Messung des pH-Werts verschiedener Testproben, z. B. pH 7,4 oder pH 7,0.

Im Gegensatz hierzu sind **qualitative Daten** dergestalt, dass sie einen Zustand messen, der sich aber nicht in der Menge bestimmen lässt und auch keinen Vergleich erlaubt. Ein Beispiel wäre die Haarfarbe. Wir können Personen nach der

Haarfarbe klassifizieren, es lässt sich aber nicht sagen, dass die Haarfarbe rot besser ist als braun. Es sind unterschiedliche Ausprägungen (braun, schwarz, blond etc.) des gleichen Merkmals „Haarfarbe". Ähnliche Daten gibt es auch bei der Herstellung von Arzneimitteln. Das Aussehen des Arzneimittels ist ein Beispiel hierfür. Im Gegensatz zur Haarfarbe lassen sich qualitative Ergebnisse bei Arzneimitteln aber meist in gut oder schlecht einstufen. Sofern ein Arzneimittel in Tablettenform die Farbe rosa haben soll (Erwartungswert), kann es aufgrund von Fehlern im Herstellungsprozess zu anderen Farben kommen, z. B. weiß. Dieses wird als nicht spezifikationskonformes Ergebnis, sog. **Out-of-Specification** (OOS), gewertet. Neben der eigentlichen Ausprägung (rosa und weiß) haben wir hier eine weitere Unterscheidung (konform, nicht konform), das Merkmal bleibt aber qualitativ.

Trending kann grundsätzlich auf beide Datentypen angewendet werden, im Fokus des Trendings stehen aber in vielen Bereichen **quantitative Daten**. Das liegt u. a. daran, dass aus grafischen Darstellungen von quantitativen Daten leichter Veränderungen feststellbar sind als bei qualitativen Merkmalen, die einen reduzierten Informationsgehalt aufweisen bis hin zu binären Ausprägungen (ja/nein). Daneben sind statistische Methoden zur Analyse von quantitativen Daten einfacher und geläufiger als statistische Methoden zur Auswertung von qualitativen Daten.

2.3 Arten von Trends

Die Änderung eines Merkmals oder einer Eigenschaft läuft nicht immer nach dem gleichen Muster. Es gibt unterschiedliche Ausgestaltungen von Veränderungen. Es hängt letztlich von der einzelnen Ursache ab, in welcher Form und Stärke sich ein Trend zeigt. Wir können trotzdem die vielen möglichen Formen von Trends auf wenige Typen reduzieren:

a. Kontinuierlicher Anstieg (positiver Trend)
b. Kontinuierliche Abnahme (negativer Trend)
c. Schlagartige Zunahme (positiver Stufentrend)
d. Schlagartige Abnahme (negativer Stufentrend)
e. Vermehrte Auftretenshäufigkeit
f. Erhöhung der Variabilität

Diese Typen können anhand des Beispiels der Zugfahrt nachvollzogen werden. Eine allmähliche Verspätung des Zuges (kontinuierlicher Anstieg der Ankunftszeit) entspricht einem **positiven Trend**. Sofern der Zug kontinuierlich früher kommt, würde ein negativer Trend (bezogen auf die Ankunftszeit) vorliegen. Eine abrupte deutliche Verspätung, die an den Folgetagen konstant bleibt, würde einem **Stufentrend** entsprechen. Das gleiche auch für eine schlagartige frühere Ankunftszeit. Auch Besonderheiten, wie gehäufte Ausfälle der Zugverbindungen oder eine zunehmend stark schwankende Ankunftszeit können als Trends bezeichnet werden. Die Ursachen können vielseitig sein, von erhöhtem Fahrgastaufkommen bis hin zu neuen Baustellen, die zu einer plötzlichen, aber in der Folge konstanten späteren Ankunftszeit führen können.

Die gleichen Typen von Trends können auch bei Merkmalen oder Qualitätsattributen in pharmazeutischen Herstellungsprozess auftreten. In Abb. 2.2 ist ein positiver Trend dargestellt. Im linken Teil der Abbildung ist eine typische Prozessvariabilität gezeigt. Die Ausprägungen schwanken ein wenig, liegen jedoch dicht beieinander. In der Folge steigt der Wert kontinuierlich an. Dies wird als positiver Trend bezeichnet. Es ist, ohne weitere Kenntnis was analysiert wurde und was der Erwartungsbereich ist, schwierig zu bewerten, ob dieser Trend bereits kritisch ist. Wenn diese Daten den pH-Wert einer Zwischenstufe eines Arzneimittels symbolisieren, wäre die Entwicklung sicher kritisch, da sich der pH-Wert in

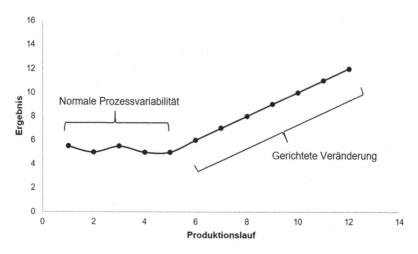

Abb. 2.2 Darstellung eines positiven Trends bei einem Merkmal

den stark basischen Bereich bewegt (Abb. 2.2), für eine vernünftige Bewertung werden jedoch Grenzen benötigt, die wir in Abschn. 4.1 (Qualitätsregelkarten) kennenlernen werden.

Ein Trend ist nicht per se zeitlich festgelegt. Trends können sich wie im Beispiel der Ankunftszeit des Zuges über mehrere Tage zeigen, aber auch innerhalb von Minuten oder vielen Jahren. Ein Beispiel für einen positiven Trend, der sich über Jahre und Jahrzehnte zeigt, ist durchschnittliche die Körpergröße. Menschen werden heutzutage größer als noch vor 60 Jahren, u. a. wegen der besseren Ernährung. Im pharmazeutischen Bereich können sich Trends ebenfalls über Jahre zeigen wie im Fall eines zunehmenden Anlagenverschleißes.

Ganz wichtig ist dabei, dass bei einem **positiven Trend** nicht grundsätzlich von gut oder schlecht gesprochen werden kann. Es hängt ganz stark vom analysierten Merkmal, dem Toleranzbereich und den Umgebungsbedingungen ab. Im Normalfall ist eine Veränderung, positiv oder negativ, gefährlich, da wir diese im Normalfall nicht bewusst herbeigeführt haben.

Nehmen wir als Beispiel den Gehalt eines Arzneimittels. Arzneimittel haben festgelegte Konzentrationsbereiche. Es kann sein, dass der etablierte Herstellungsprozess ein Produkt generiert, dass am unteren Ende des Freigabebereichs liegt. Dies birgt immer das Risiko der Rückweisung von produzierten Chargen, sofern diese nicht die festgelegte **Spezifikation** erfüllen. Aus diesem Grund könnte sich der zuständige Mitarbeiter über eine kontinuierliche Zunahme des Gehalts freuen. Im Grunde genommen schon, aber letztlich ist auch diese Entwicklung kritisch. Das gemessene Merkmal verändert sich, ohne dass der Grund bekannt ist. Anders ausgedrückt werden wir vom System kontrolliert, nicht andersherum, und das ist das Problem. In der pharmazeutischen Industrie geht es um Kontrolle. Alle qualitätsrelevanten Abläufe sind stark reguliert um dadurch Fehler zu minimieren.

Auf der anderen Seite kann ein positiver Trend direkt negative Konsequenzen haben. Zum Beispiel gibt es Arzneimittel, bei denen neben dem Gehalt der aktiven Substanz auch unerwünschte Neben- oder Abbauprodukte gemessen werden. Viele dürfen einen bestimmten oberen Schwellenwert nicht überschreiten. In diesem Fall würde eine stete Zunahme des Abfallprodukts ab einer gewissen Ausprägung dazu führen, dass erneut ein OOS-Resultat vorliegt und die Charge, anstatt in den Verkehr zu gelangen, vernichtet werden muss.

Ein negativer Trend verläuft nach einem ähnlichen Prinzip, nur dass das untersuche Merkmal abnimmt.

Ein anderer Fall ist die schlagartige Veränderung der Messgröße (Ausprägung), die auch Stufentrend genannt wird (Abb. 2.3). In unserem Beispiel des Zugs wäre dies eine plötzliche Verspätung um z. B. 10 min, die in den Folgetagen

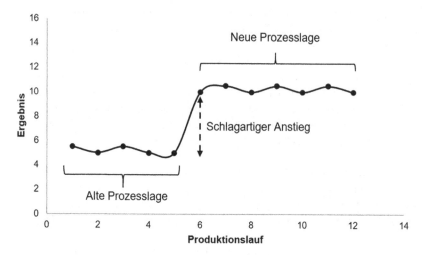

Abb. 2.3 Schematische Darstellung eines Stufentrends

gleichbleibt. Im Falle des Zugs könnte dies durch eine neue Baustelle verursacht werden, an der der Zug langsamer fahren muss. Ein pharmazeutisches Beispiel wäre eine pH-Wert Messung, bei der ein unerkannter Schaden der pH-Elektrode dazu führt, dass ab dem Zeitpunkt der Schädigung alle Folgemessungen höher ausfallen. Das Gegenteil ist ein negativer Stufentrend, bei dem eine plötzliche Abnahme auftritt, die konstant bleibt.

2.4 Fallbeispiel: Ein Prozess gerät außer Kontrolle

Wir schauen uns ein Beispiel an, in dem in einem pharmazeutischen Prozess ein Problem auftritt. In späteren Kapiteln wird das Beispiel wieder aufgegriffen, um zu verdeutlichen, dass **Trendanalysen** dabei helfen können, Probleme frühzeitig zu erkennen. Die Entdeckung einer Veränderung ist die Grundlage, um durch eine **Ursachenanalyse** die Fehlerursache zu identifizieren und diese durch geeignete Maßnahmen abzustellen. Diese Abfolge stellt sicher, dass wir die Kontrolle über den Prozess behalten.

Bei unserem Produkt handelt es sich um ein Protein, dass in Bakterienzellen mittels Fermentation in Bioreaktoren hergestellt wird. Diese Herstellungsprozesse bestehen aus vielen verschiedenen Schritten, bis das Endprodukt abgefüllt in

Behältern vorliegt. Wir verwenden ein vereinfachtes Schema (Abb. 2.4). Unser hypothetischer Prozess besteht aus der Bildung großer Mengen an Protein, Reinigung des Proteins durch verschiedene Verfahren, z. B. Zentrifugation (bei der bakterielle Bestandteile auf den Boden von Gefäßen sedimentieren, während lösliche Proteine in Lösung bleiben) und Chromatographie-Schritten (dient zur Stofftrennung mittels eines Flüssigkeitsstroms und selektiver Bindung der Protein an Oberflächen während Verunreinigungen nicht binden und mit dem Flüssigkeitsstrom entfernt werden und anschließender Lösung der gebundenen Proteine)

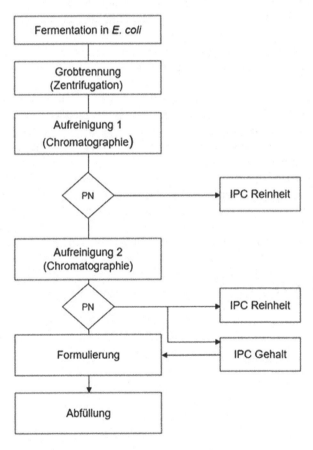

Abb. 2.4 Schematischer Beispielprozess

und abschließend der Formulierung (Vermischung des Proteins mit dem richtigen Mengen an Puffer und Stabilisator) und Abfüllung in Behältern. An einigen Stellen werden Proben für analytische Prüfungen entnommen (PN: Probenahme) und bestimmte Eigenschaften untersucht. Diese Prüfungen werden In-Prozess-Kontrolle genannt. In diesem Fall sind zwei Typen von Prüfungen enthalten. Der eine Typ überprüft, ob die Zwischenstufe mit Mikroorganismen kontaminiert ist (IPC Reinheit), der andere Typ den Gehalt. Bei der Prüfung auf Reinheit interessiert uns in diesem Fall nur, ob Mikroorganismen enthalten sind oder nicht. Damit ist das Ergebnis **qualitativ** (Mikroorganismen vorhanden: ja/nein). Die Gehaltsbestimmung ist ein **quantitatives Merkmal**, dass wir hier in internationalen Einheiten (IE) messen. Weiter legen wir fest, dass die Zwischenstufe, die auf Gehalt geprüft wird, einen Bereich von 100–200 IE erfüllen muss. Dies wird **Spezifikation** genannt. Auf Basis dieser Gehaltsbestimmung wird die Zwischenstufe des Proteins mengenmäßig formuliert und in die Endbehälter abgefüllt und verschlossen.

Nach der kurzen Übersicht über den Prozess nehmen wir an, dass in diesem Betrieb kein **Trending** etabliert ist und gerade ein Problem besteht. In den letzten Jahren war der Prozess unauffällig und alle gefertigten Chargen haben die **Qualitätsanforderungen** erfüllt. Die vorherigen Daten zeigen, dass der Gehalt der Zwischenstufe in den letzten Jahren stabil einen Mittelwert von 150 IE mit einer Standardabweichung von 10 IE hatte. Die Standardabweichung steht für die Variabilität oder Streuung von Einzelmessungen und wird in Kap. 4 genauer erklärt. Jetzt liegen uns Daten vor, dass die letzten zwei Chargenproduktionen gestoppt und vernichtet werden mussten, da der Gehalt der In-Prozess-Kontrolle nicht die **Spezifikation** von 100–200 IE erfüllte. Jede Charge hat einen Marktwert von ca. 400.000 €, wodurch der Betrieb einen erheblichen Verlust erleidet. Wir analysieren die Dokumentation der letzten 10 Chargen und sehen, dass Gehalt der letzten beiden Chargen die obere Spezifikationsgrenze von 200 IE überschritten hat (Tab. 2.1).

Die wichtige Frage ist: Hätte **Trending** geholfen, diese Situation zu vermeiden? Diese Frage wird in den nächsten Kapiteln beantwortet. Dazu kommen wir nach der Darstellung der verschiedenen Trending-Methoden immer wieder auf dieses Beispiel zurück.

Tab. 2.1 Ergebnisse der letzten 10 Chargen im hypothetischen Beispiel

Charge	Ergebnis	Gehaltswert IPC [IE]
A	Freigabe	148
B	Freigabe	156
C	Freigabe	143
D	Freigabe	151
E	Freigabe	162
F	Freigabe	173
G	Freigabe	177
H	Freigabe	189
I	Rückweisung	**205**
J	Rückweisung	**214**

Isolierte Qualitätsbewertung und visuelle Methoden zur Trendanalyse

3.1 Isolierte Bewertung von Merkmalen

Als erstes müssen wir uns klar machen, was der Grundzustand ist, also der Zustand ohne ein aktives **Trending.** Im pharmazeutischen Herstellungsprozess werden für jede einzelne Charge des Produkts im wahrsten Sinne des Wortes „Tonnen" von Daten generiert. Nicht alle liegen in Form von papierbasierter Dokumentation vor, sondern werden teilweise elektronisch gespeichert wie z. B. Daten, die von Bioreaktoren aufgezeichnet werden und im Ausdruck hunderte Seiten füllen würden. Trotz dieser elektronischen Speicherung vieler Daten kann die papierbasierte Dokumentation einer Charge mehrere Ordner umfassen. Es werden grob zwei Arten von Merkmalen unterschieden, **Prozessparameter** und **Qualitätsattribute.** Prozessparameter sind physische Größen, z. B. Zeiten, Mengen etc. (z. B. Sauerstoffverbrauch im Bioreaktor, Abfüllzeit, Temperaturverlauf). Dagegen sind Qualitätsattribute Eigenschaften des Produkts (z. B. das Aussehen, der pH-Wert oder der Gehalt). Es existieren entweder **Sollbereiche** oder **Spezifikationen** für die einzelnen Stufen des Herstellungsbereichs, deren Einhaltung während der Produktion und Qualitätskontrolle überprüft werden. Die gesammelte Dokumentation wird dann als sog. Chargendokumentation archiviert. Bei der nächsten Charge wiederholt sich dieser Prozess. Dies ist ein Zustand ohne **Trendanalysen,** da jede Charge für sich bewertet wird (Abb. 3.1).

Dies ist auch charakteristisch für unser Beispiel aus Abschn. 2.4, bei dem wir kein **Trending** betreiben. Der Einfachheit sind nur 6 Chargen (Chargen E – J) aus Tab. 2.1 abgebildet.

In diesem Fall entspricht jede freigegebene Charge den **Qualitätsanforderungen,** jedoch erlaubt diese isolierte Betrachtung es nicht, systematische

© Der/die Autor(en), exklusiv lizenziert durch Springer Fachmedien Wiesbaden GmbH, ein Teil von Springer Nature 2020
P. U. B. Vogel et al., *Trending in der pharmazeutischen Industrie*, essentials,
https://doi.org/10.1007/978-3-658-32207-6_3

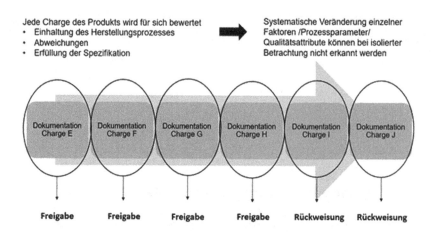

Abb. 3.1 Schematische Darstellung der isolierten Bewertung einzelner Chargen

Veränderungen einzelner Merkmale, ganz gleich ob **Prozessparameter** oder **Qualitätsattribut**, festzustellen.

3.2   Grundlage und Ablauf des Trendings

Um die Basis für ein Trending zu schaffen, müssen im ersten Schritt chargenübergreifend die Ausprägungen (z. B. Ergebnisse) für ein bestimmtes Merkmal (z. B. Gehalt) aus den Chargendokumentationen herausgeschrieben und in einer Liste zusammengeführt werden (Abb. 3.2). Entweder werden kontinuierlich bestimmte Informationen oder Ergebnisse in Listen übertragen (sofort bei Verfügbarkeit der Daten) oder periodisch (in Intervallen von Wochen oder Monaten alle in diesem Zeitraum verfügbaren Daten zusammen). Bei Vorhandensein eines LIMS fällt dieser Schritt gewöhnlich weg, da hier die Daten automatisch während der Produktion und Qualitätskontrolle elektronisch erfasst und gespeichert werden, und dem Anwender ermöglichen, per Knopfdruck sich bestimmte Eigenschaften (z. B. pH-Wert von Zwischenstufe X) über mehrere Chargen hinweg anzeigen zu lassen. Trotzdem gibt es auch hier Herausforderungen. Die zuständige Person muss wissen was sie sucht und was die kritischen Schritte bzw. Eigenschaften sind.

Diese Datentabellen bilden die Basis für alle in diesem Buch dargestellten Trendanalyse-Methoden. Das **Trending** erfolgt dann auf Basis der erfassten Daten

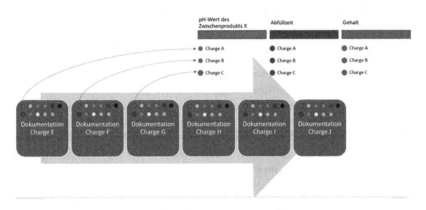

Abb. 3.2 Prozess der chargenübergreifenden Zusammenführung von Ausprägungen des gleichen Merkmals in Listen

nach dem Schema in Abb. 3.3. Auf Basis der Datenerhebung erfolgt eine Prüfung auf Auffälligkeiten (Trends). Sofern sich Trends zeigen, erfolgt eine genaue **Ursachenanalyse,** um die Fehlerursache zu identifizieren und Maßnahmen zur Fehlerbeseitigung festzulegen. Nach Umsetzung der Maßnahmen erfolgt eine Erfolgskontrolle, um zu prüfen, ob der analysierte Prozess wieder unter Kontrolle ist. Dieser Ablauf wiederholt sich dann in der Folge, bis die nächste Auffälligkeit auftritt (Abb. 3.3).

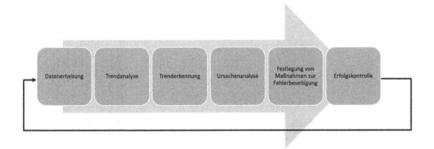

Abb. 3.3 Ablauf von Trendanalysen und Beseitigung von Fehlerquellen auf Basis der Erkenntnisse

3.3   Visuelles Trending mittels Datentabellen

Die einfachste Form des **Trendings** ist die visuelle Überprüfung von Daten organisiert in Datentabellen. Wir haben in Kap. 2 durch die grafische Darstellung von Trendarten ein wenig vorgegriffen und kommen in Abschn. 3.4 auf grafische Darstellung zurück. Bei der visuellen Bewertung von Datentabellen werden die Zahlenreihen visuell durch den Trendanalysten im direkten Zusammenhang bewertet. Dieser Form der **Trendanalyse** ist stark von der individuellen Erfahrung des Trendanalysten, der Darstellungsform sowie der Zeit abhängig, die für diese Tätigkeit vorgesehen ist. Eine Umfrage von Concept Heidelberg, einem führenden Anbieter von Fortbildungen im pharmazeutischen Bereich, im Jahr 2014 zum Thema Trending ergab, dass ca. ein Drittel der Teilnehmer (die Prozentzahl ist kein Absolutwert, da Mehrfachnennungen möglich waren) die visuelle tabellarischen Datendarstellung nutzen (Concept Heidelberg GmbH 2014a). Mit diesem Prozentwert lag diese Art des Trendings auf Platz 2 der am häufigsten eingesetzten Techniken.

Schauen wir uns eine einfache Zahlenreihe an. Bei dieser handelt es sich um eine Reihe von Temperaturaufzeichnungen eines Geräts, dessen Temperatur täglich einmal dokumentiert wird. Angenommen der **Sollbereich** der Temperatur liegt bei 7,9–9,9 °C. Nehmen sie sich ein wenig Zeit, um die Datenreihe zu überprüfen. Gibt es auffällige Zahlen in dieser Reihe?

8,9
8,8
9,1
8,9
9,0
9,1
8,9
8,8
9,1
8,9
9,9
8,9
9,0

Es ist nicht ganz einfach, in dieser Zahlenreihe eine Auffälligkeit zu erkennen. Alle Einzelwerte liegen im **Sollbereich.** Vielleicht haben jedoch einige Leser erkannt, dass der elfte Wert mit 9,9 im direkten Vergleich mit den restlichen Werten relativ hoch erscheint. Ich bin mir sehr sicher, dass nicht jeder Leser zum gleichen Ergebnis gekommen ist und darin erkennt man bereits die größte Schwäche der visuellen **Trendanalyse.** Das Ergebnis ist stark abhängig von der

Einschätzung des Betrachters und damit **subjektiv.** Um die tabellarische Trendanalyse nicht allzu schlecht dazustehen zu lassen, sollten wir vorausschieben, dass alle Arten der Trendanalysen ein subjektives Element haben, selbst die statistisch berechneten Trendanalysen, aber dazu später mehr.

In diesem Beispiel ist die Erkennung besonders schwierig, da viele der Werte davor und danach ebenfalls eine 8 und/oder 9 erhalten. Wenn wir uns jetzt vor Augen führen, dass dies ein kleiner Ausschnitt aus langen Datenlisten darstellt, die über mehrere Seiten laufen können, wird deutlich, wie niedrig die Entdeckungswahrscheinlichkeit von Veränderungen bei visueller Kontrolle von tabellarischen Listen ist. Die Erkennung von Trends hängt zudem davon ab, wie die Daten organisiert sind. In Praxis wird mehr als ein Merkmal auf Trends überprüft. Sofern alle Merkmale oder Parameter in Spalten nebeneinander eingetragen werden, beeinflusst diese Datenorganisation auch unser Vermögen, Trends erkennen zu können (Abb. 3.4). Bei noch mehr Spalten und Zeilen wird dies schnell unübersichtlich.

Der Vorteil ist jedoch, dass diese Form des **Trendings** immer sofort angewendet werden kann und schnell und unkompliziert erfolgt. Eine wichtige Voraussetzung ist jedoch die Vollständigkeit und Echtheit der Daten, die überprüft werden. Wer bei der **Datenerhebung** „schlammt", z. B. durch Listenerstellung durch eine Person, wobei Übertragungsfehler auftreten können, verletzt nicht nur GMP-Anforderungen (Überprüfung der Datenübertragung durch eine zweite Person notwendig), sondern übersieht durch diese Fehler vielleicht bedeutungsvolle Trends oder reagiert auf Trends, die gar nicht existieren.

Parameter A	Parameter B	Parameter C	Parameter D
7,7	159	4,3	289
7,2	141	4,4	256
7,1	137	4,3	294
6,9	154	4,4	267
7,0	162	4,4	275
7,0	166	4,4	245
7,2	185	4,4	229
7,0	144	4,4	281
7,1	159	4,3	230
6,9	150	4,4	257
7,0	161	4,3	211

Abb. 3.4 Organisation verschiedener Zahlen in Datentabellen

Der Leser könnte zur Annahme kommen, dass das visuelle **Trending** von tabellarischen Daten fehlerbehaftet und damit inakzeptabel ist. Das stimmt teilweise, jedoch legt der GMP-Leitfaden nicht fest, wie Trendanalysen zu erfolgen haben. D. h. der Anwender muss selbst für sich entscheiden und festlegen, wie Trendanalysen umgesetzt werden. Letztlich fördern tabellarische Trendanalysen aber Abkürzungen und oberflächliche Bewertung. Dem tabellarischen Trending sieht man nicht an, wie viel Zeit eine Person eingesetzt hat. Dementsprechend kann es auch zu einer oberflächigen Aktion verkommen, in der die zuständige Person visuell über die Daten fliegt, ohne wirklich auf Auffälligkeiten zu prüfen.

3.4   Visuelles Trending mittels grafischer Darstellungen

Die grafische Darstellung der Daten ist die nächste Stufe des Trendings. Dies ist etwas aufwendiger, da man die tabellarischen Daten im Anschluss grafisch darstellen muss, erhöht aber auch die Entdeckungswahrscheinlichkeit von Auffälligkeiten. Gemäß der Umfrage von Concept Heidelberg nutzen ca. 2/3 der befragten Teilnehmer die visuelle Kontrolle von grafischen Daten, womit diese Form die Spitzenposition unter Trendanalysen einnahm (Concept Heidelberg GmbH 2014a).

Den Unterschied wird durch den direkten Vergleich mit dem in Abschn. 3.3 gezeigten Datensatz deutlich. In diesem Fall sind die Daten als Punktdiagram, also jeder Wert als Punkt zusammen mit dem Sollbereich dargestellt (Abb. 3.5). In dieser Grafik ist ersichtlich, dass sich die meisten Werte in einem engen Bereich befinden, während der Wert 9,9 genau auf der Obergrenze des Sollbereichs liegt (in Abb. 3.5 mit Pfeil markiert). Aus Qualitätssicht ist der Wert okay, da der Sollbereich erfüllt wird. Es wird in dieser Grafik jedoch besonders deutlich, dass der Wert nicht so recht zu den anderen Werten passt. Hierdurch sehen wir, wie enorm die Entdeckungswahrscheinlichkeit zugenommen hat, selbst atypische Einzelwerte zu erkennen.

Grafische Darstellungen eignen sich zudem gut, um seltene Auffälligkeiten zu erkennen, die in ihrer Häufigkeit zunehmen. Als Beispiel wird die Grafik auf insgesamt 65 Messwerte erweitert. In diesem Fall ist zu erkennen, dass die Temperaturen stabil in einem engen Temperaturfenster liegen. Ab einem bestimmten Zeitpunkt mehren sich die Ausschläge der Temperatur (Abb. 3.6). Dies könnte z. B. daraufhin deuten, dass eine Fehlerquelle vorliegt, die zunehmend diese Temperaturausschläge verursacht wie z. B. ein Verschleiß der Temperaturregeleinheit. Einige Merkmale verändern sich zunehmend über die Zeit. In diesen Fällen ist es vorteilhaft, anstatt der Anzahl der Messungen oder der Chargen das Datum auf der x-Achse abzubilden.

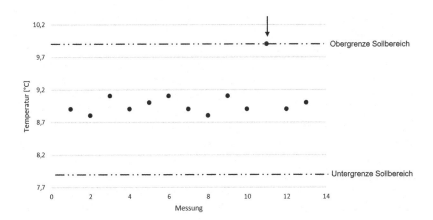

Abb. 3.5 Grafische Darstellung der Zahlenreihe aus Abschn. 3.3 in einem Punktdiagramm zusammen mit den Sollbereichsgrenzen

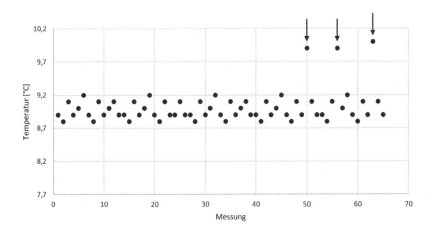

Abb. 3.6 Beispiel für eine Messserie mit zunehmender Frequenz von abweichenden Werten

Zum Abschluss prüfen wir, ob eine reine **grafische Darstellung** der Ergebnisse bereits ausgereicht hätte, den Fehler in unserem Beispielprozess aus Abschn. 2.4 zu erkennen. Die Ergebnisse (Gehalt in internationalen Einheiten) der letzten

10 Chargen sind hier in einem Säulendiagramm anstatt der zuvor verwendeten Punktdiagramme dargestellt (Abb. 3.5).

In dieser Grafik ist leicht zu erkennen, dass der Gehalt der ersten Chargen (A – D) um den Erwartungswert von 150 IE schwankt und dann zunehmend ansteigt. Dies entspricht einem positiven Trend, der sich in den nicht spezifikationskonformen Bereich fortsetzt. Aus dieser einfachen grafischen Darstellung wird schnell klar, dass das Problem nicht erst bei Charge I und J auftrat, sondern sich eine Veränderung des untersuchten **Qualitätsattributs** vorher angekündigt hat (Abb. 3.7). In diesem Fall hätten wir rechtzeitig auf das Problem reagieren können. Allerdings ist es schwierig zu entscheiden, wann eingegriffen werden soll. Ist das Ergebnis von Charge F bereits zu hoch oder von Charge G oder H bevor der Eingriff und die Ursachenanalyse erfolgen? Diese Fragen sind schwierig, da bis auf die obere Spezifikationsgrenze kein weiterer Anhaltspunkt bzw. kein absolutes Kriterium verfügbar sind, die zur Bewertung herangezogen werden können. Diese zusätzlichen Bewertungshilfen finden sich dann bei sog. Qualitätsregelkarten, die wir im nächsten Abschnitt besprechen.

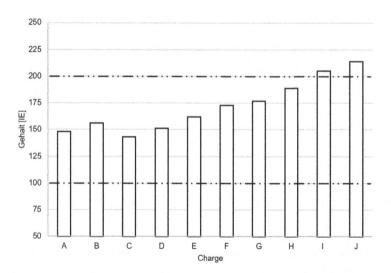

Abb. 3.7 Beispiel für das Erkennen einer kritischen Entwicklung des Beispielprozesses mit Hilfe von einfachen grafischen Mitteln

Statistische Methoden zur Trendanalyse

4.1 Qualitätsregelkarten

Ein wichtiges Werkzeug, dass bereits seit langer Zeit in vielen pharmazeutischen Betrieben im Einsatz ist, stellen sog. **Qualitätsregelkarten** dar. Eine Qualitäts-regelkarte besteht aus der grafischen Darstellung von z. B. aufeinanderfolgenden Ausprägungen des gleichen **Qualitätsattributs** sowie der Definition eines Rahmens (z. B. Warn- und Eingriffsgrenzen), innerhalb derer sich die Ergebnisse bewegen dürfen. Dieser Rahmen wird mit Hilfe von statistischen Methoden berechnet.

Um diese Berechnung nachvollziehen zu können, müssen wir erst den Begriff der **Normalverteilung** verstehen. In Kap. 2 wurden verschiedene Datentypen eingeführt und grob in qualitativ und quantitativ eingeteilt. Quantitative Daten lassen sich auf einer bestimmten Skala (z. B. Gewicht, pH-Wert, Ausbeute in %, Gehalt in internationalen Einheiten oder in mg/ml) messen. Quantitative Daten bilden aber keine große einheitliche Masse, da sie sich in ihrer Verteilung unterscheiden können und das ist für die Erstellung von **Qualitätsregelkarten** und für die Auswahl der in späteren Kapiteln genannten statistischen Tests sehr wichtig.

Für die Anwendung von den hier vorgestellten Qualitätsregelkarten müssen quantitative Merkmale normalverteilt sein. Einige Leser werden sicherlich schon Mal von der Gauß-Kurve oder Gauß-Verteilung gehört haben. Damit ist eine **Glockenkurve** gemeint (Abb. 4.1). Die Mitte der Glockenkurve bildet den höchsten Punkt, während zu den Seiten hin die Kurve abfällt. Ein wichtiger Aspekt ist, dass die beiden Ende symmetrisch aussehen. Diese Glockenkurve stellt die relative Häufigkeit der Merkmalsausprägungen dar. Am Beispiel der Körpergröße lässt

P. U. B. Vogel et al., *Trending in der pharmazeutischen Industrie*, essentials, https://doi.org/10.1007/978-3-658-32207-6_4

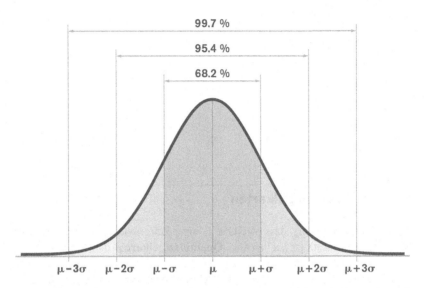

Abb. 4.1 Standard-Normalverteilung eines Merkmals mit Wahrscheinlichkeiten der Auftretenshäufigkeit bestimmter Ausprägungen (Quelle: Adobe Stock, Dateinr.: 331.904.731; Lizenziert von Patric Vogel)

sich dieser Zusammenhang am besten erklären. Nehmen wir an, die durchschnittliche Körpergröße aller deutschen erwachsenen Männer ist 180 cm. Dies ist ein Durchschnittswert, wobei je nach Mann die Körpergröße schwankt. Diese Variabilität der Körpergröße kann als **Standardabweichung** (SD) ausgedrückt werden. Die Standardabweichung ist vereinfacht ausgedrückt die durchschnittliche Entfernung aller Messungen vom Mittelwert. Angenommen, die SD der Körpergröße ist 6 cm. Weiterhin ist längst bekannt, dass die Körpergröße normalverteilt ist. Die meisten Männer haben eine Körpergröße nahe 180 cm. Kleinere und größere Männer kommen seltener vor, verdeutlicht durch die abfallenden Seiten der Glockenkurve.

Gemäß den Gesetzen der **Standard-Normalverteilung** liegen ca. 68 % der Ausprägungen in einem Intervall von ± 1 SD um den Mittelwert. Weiterhin befinden sich ca. 95 % der Ausprägungen in einem Intervall von ± 2 SD um den Mittelwert und ca. 99 % in einem Intervall von ± 3 SD um den Mittelwert (Flachskampf und Nihoyannopoulos 2018). Im Fall der Körpergröße bedeutet das, dass ca. 68 % aller Männern eine Körpergröße von 180 cm ± 6 cm aufweisen, d. h.

174 cm–186 cm groß sind. Weiterhin weisen ca. 95.4 % aller Männer eine Körpergröße von 168 cm–192 cm auf. Abschließend haben 99.7 % aller Männer eine Körpergröße von 162 cm–198 cm.

Diese Gesetzmäßigkeiten gelten für alle normalverteilten Merkmale, also neben der Körpergröße auch für bestimmte Merkmale im pharmazeutischen Betrieb. Dazu können **Prozessparameter** (z. B. Abfüllzeit) aber auch **Qualitätsattribute** (z. B. Gehalt von Charge XY) gehören. Die Tatsache, dass ein Merkmal auf einer Skala messbar ist, bedeutet nicht automatisch, dass es normalverteilt ist. Ein klassisches Beispiel sind mikrobiologische Daten wie z. B. die Anzahl von kontaminierenden Bakterien, die gewöhnlich als Kolonie-formende Einheiten (KbE; die Anzahl von Bakterienkolonien) gemessen werden. Diese Ergebnisse sind gewöhnlich nicht normalverteilt (Olsen 2003). Mikrobiologische Daten haben eine große Bedeutung, unabhängig davon, ob es um klassische Arzneimittel oder Biopharmazeutika geht. Die Herstellung von sterilen Arzneimitteln muss unter aseptischen Bedingungen, also möglichst keimfrei erfolgen. Die Mindest-Anforderungen an die Herstellung von sterilen Arzneimitteln sind in Anlage 1 des EU GMP-Leitfadens beschrieben (EudraLex 2009). Hierzu zählt eine ständige Überwachung der Produktionsumgebung auf Mikroorganismen und Partikel. Es gibt festgelegte zulässige **Warn- und Eingriffsgrenzen** für diese Gruppen. Die Überwachung erfolgt an verschiedenen Stellen durch diverse Methoden, z. B. Luftkeimsammler (die Luft einsaugen und mit denen die Anzahl von Mikroorganismen in der Umgebungsluft bestimmt wird) oder sog. Abklatschplatten, bei denen die Oberfläche der Reinraumkleidung von Produktionspersonal (z. B. Fingerabdruck) untersucht werden. Die Ergebnisse dieses sog. **Hygiene-Monitorings** liefern Daten, die gewöhnlich nicht normalverteilt sind. Anstatt auf Basis von statistischen Konzepten wie der Normalverteilung eigene Warn- und Eingriffsgrenzen in jedem Betrieb zu berechnen, sind die zulässigen Grenzwerte für Warn- und Eingriffsgrenzen der verschiedenen Reinraumbereichen direkt in Anlage 1 des EU GMP-Leitfadens für alle Hersteller gleichermaßen festgelegt.

Kommen wir wieder zurück zur **Qualitätsregelkarte,** die eine Weiterentwicklung von grafischen Darstellungen durch Verknüpfung mit statistischen Methoden darstellt. Es gibt verschiedene Subtypen, die für verschiedene Anwendungen und untersuchte Merkmale dienen (ISO 2019). Eine der bekanntesten ist die sog. **Shewhart-Regelkarte,** die 1931 entwickelt wurde (faes.de 2020a). Diese wird seit langem in verschiedenen Industriebereichen, nicht nur der pharmazeutischen Industrie, für die statistische Prozessüberwachung und -lenkung eingesetzt wird.

Hierbei werden die Ergebnisse eines quantitativen, normalverteilten Merkmals grafisch dargestellt und zudem **Warn- und Eingriffsgrenzen** eingezeichnet, die auf Basis der zuvor erklärten Wahrscheinlichkeit der **Standard-Normalverteilung** berechnet wurden. Häufig werden für die Warngrenzen ±2 SD um den Mittelwert, für die Eingriffsgrenzen ±3 SD um den Mittelwert festgelegt, es sind aber auch je nach untersuchtem Merkmal andere Grenzen möglich.

Als Beispiel soll die pH-Wert-Messung eines Zwischenprodukts dienen. Die Grenzen werden auf Basis von Ergebnissen aus der Vorperiode definiert, wobei Vorperiode keine genaue Definition besitzt. Es sollten mind. 20 Ergebnisse die Basis für die berechneten **Warn- und Eingriffsgrenzen** verwendet werden (faes.de 2020a), wobei die Grenzen umso stabiler werden, je mehr Werte einbezogen werden.

Für die pH-Wert-Messung nehmen wir die letzten 20 Ergebnisse der In-Prozess-Kontrollen der Zwischenstufe und erhalten einen Mittelwert von pH 7,20 mit einer Standardabweichung von pH 0,10. Die **Warngrenzen** entsprechen dem Mittelwert ±2 SD, d. h. die obere Warngrenze beträgt 7,40 und die untere Warngrenze pH 7,00. Die **Eingriffsgrenze** ist definiert mit Mittelwert ±3 SD, d. h. die obere Eingriffsgrenze beträgt pH 7,50 und die untere Eingriffsgrenze ist pH 6,90. Diese Grenzen zeichnen wir in eine Grafik. Danach werden die Ergebnisse der Messung des pH-Werts von neuen Chargen in diese Qualitätsregelkarte eingetragen (Abb. 4.2).

Diese Form der Analyse eignet sich, um **kontinuierliche Trends, Stufentrends** und auch eine **Zunahme der Variabilität** zu erkennen. In diesem

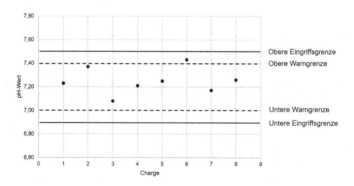

Abb. 4.2 Beispiel für eine Qualitätsregelkarte mit einer Darstellung der Daten im Punktdiagramm zusammen mit Warn- und Eingriffsgrenzen

Beispiel sind 8 Ergebnisse eingetragen. 7 von 8 Ergebnissen liegen zwischen der oberen und unteren **Warngrenze**, ein Ergebnis liegt zwischen der oberen Warngrenze und der oberen **Eingriffsgrenze**. Dieses einzelne Ergebnis ist nicht besorgniserregend und tritt selbst bei Prozessen, die unter Kontrolle sind, auf. Durchschnittlich erwarten ca. 95 %, also ca. 19 von 20 Ergebnissen innerhalb der Warngrenzen. In diesem Fall ist der Prozentsatz außerhalb des Warngrenzen mit 1/8 = 12,5 % etwas erhöht. Das kann lediglich an der kleinen Stichprobe (Anzahl von Ergebnissen) liegen, die betrachtet werden. Gewöhnlich sind deutlich mehr Ergebnisse notwendig, damit sich die prozentualen Zahlen den statistischen Erwartungen annähern. Genauso wäre es nicht verwunderlich, wenn von den ersten 20 Ergebnissen alle innerhalb der Warngrenzen liegen würden.

Diese **Qualitätsregelkarte** versetzt uns jedoch in die Lage, Abweichungen frühzeitig zu erkennen. Zum Beispiel würden wir erkennen, wenn sich in kurzer Zeit Ergebnisse außerhalb der **Warngrenzen** in gerichteter Weise häufen, aber auch wenn die Gesamtvariabilität zunehmen würde. Auch ein kontinuierlicher Anstieg oder Abfall sind besser zu erkennen, da die Daten vor dem Hintergrund von Erwartungsbereichen dargestellt werden.

Bei Merkmalen, die nicht normalverteilt sind, kann die eben vorgestellte Berechnungsgrundlage nicht angewendet werden, da die Häufigkeit sich nicht nach den Gesetzen der **Normalverteilung** verhält und dementsprechend die Wahrscheinlichkeiten nicht zutreffen. Grundsätzlich gibt es auch für nicht normalverteilte Merkmale statistische Methoden, sog. nicht-parametrische Methoden, mit denen ähnliche Analysen und Aussagen getroffen werden können (Nour-Eldein 2016). Das gleiche trifft auch auf Methoden zur Trendanalyse zu. Für nicht normalverteilte Merkmale gibt es Alternativen, sog. **verteilungsfreie Trendtests** (Köppel und Wätzig 2009a).

Wir kommen jetzt auf unser Beispiel aus Abschn. 2.4 zurück. Die Frage, die sich stellt, ist, ob mithilfe einer Qualitätsregelkarte das Problem rechtzeitig hätte erkannt werden können, um den Schaden (also die Überschreitung der **Spezifikation** und damit den Verlust der Chargen) abwenden zu können. Dafür konstruieren wir die **Warn- und Eingriffsgrenzen** anhand der in Abschn. 2.4 genannten Werte (Mittelwert = 150 IE, Standardabweichung = 10 IE). Die Warngrenzen (Mittelwert $\pm$ 2 SD) betragen 130 IE (untere Warngrenze) – 170 IE (obere Warngrenze), während die Eingriffsgrenzen (Mittelwert $\pm$ 3 SD) bei 120 IE (untere) – 180 IE (obere) liegen. Die Spezifikation beträgt 100–200 IE (Abb. 4.3).

Wir erkennen, dass der Gehalt zunächst stabil um den Mittelwert schwankt und dann zunehmend ein kontinuierlicher Anstieg festzustellen ist. Die Ergebnisse der Chargen F und G überschreiten bereits die **obere Warngrenze**. Die darauffolgende Charge H überschreitet zudem die **obere Eingriffsgrenze**. Hier würde

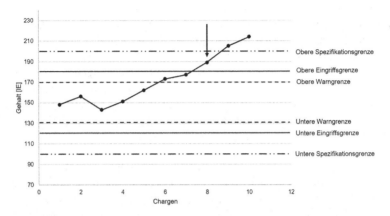

Abb. 4.3 Qualitätsregelkarte mit den Daten aus Abschn. 4.2 zum Nachweis, dass kritische Veränderungen durch kontinuierliche Trendanalysen frühzeitig erkennt werden

der Trendanalyst sofort tätig werden, da davon auszugehen ist, dass die folgenden Chargen sogar die **Spezifikationsgrenze** überschreiten könnte (was in unserem Beispiel dann auch zutrifft). Kurz zum Unterschied von Eingriffsgrenze und Spezifikationsgrenze. Die Spezifikation ist ein Sollbereich eines Merkmals, die in der Zulassung des Produkts festgelegt wurde und die in jedem Fall erfüllt sein muss. Die Eingriffsgrenzen (wie auch die Warngrenzen) sind statistisch auf Basis der beobachteten Variabilität berechnet. Ein Überschreiten der Eingriffsgrenze ist noch kein Beinbruch (das Produkt erfüllt noch die Qualitätsanforderungen), ist aber ein Hinweis, dass die Kontrolle verloren gehen könnte.

Bei etabliertem **Trending** hätte spätestens nach Charge H eine intensive Ursachenanalyse stattgefunden, um die Fehlerursache zu ermitteln, bevor weitere Chargen produziert werden. Die Fehlerquellen können vielseitig sein, z. B. eine Verbesserung der Ausbeute des Proteins durch Änderungen in vorgeschalteten Prozessen (z. B. Reinigungsschritte) bis hin zu einer fehlerhaften QC-Analytik. Zusammenfassend wird deutlich, dass wir durch Trending nicht „blind" in die Falle getappt wären und den Verlust der Chargen proaktiv hätten verhindern können.

Die **Shewart-Qualitätsregelkarten** werden häufig als Teil einer **statistischen Prozesskontrolle** eingesetzt. Es gibt aber auch bei den Methoden zur Analyse von Prozessen Weiterentwicklungen, die bei bestimmten Fragestellungen besser geeignet sind. Ein Beispiel wäre der Einsatz von multivarianten Analysen, also statistischen Analysen, die mehr als einen Faktor betrachten (Kharbach et al. 2017).

4.2 Regressions- und Korrelationsanalyse

Ein beliebtes Mittel, quantitative Daten auf **Trends** zu untersuchen, ist die kombinierte **Regression- und Korrelationsanalyse.** Diese sind statistische Mittel, die den Zusammenhang zwischen Größen, sog. Variablen, untersuchen. Das Ergebnis der in diesem Abschnitt dargestellten Regression ist eine Gerade, die durch die Datenpunkte gelegt wird und den mittleren Verlauf darstellt. Das Ergebnis der Korrelationsanalyse ist entweder der Korrelationskoeffizient R oder das **Bestimmtheitsmaß R^2**. Wir nehmen hier das Bestimmtheitsmaß R^2. Dieses nimmt Werte zwischen 0 und 1 an. 0 bedeutet keine Korrelation, 1 bedeutet eine starke Korrelation (Doğan, 2018).

Als Einstiegsbeispiel soll die Temperatur eines Kühlschranks auf Trends überprüft werden. Dazu wird die Temperatur des Kühlschranks über einen Zeitraum von 7 Tagen mithilfe eines Thermometers jeden Tag einmal gemessen. In Abb. 4.4 sind zwei mögliche Ergebnisse gezeigt. Im Fall A (links) schwankt die Temperatur zwischen 4 °C und 5 °C. Rein visuell erkennen wir hier bereits, dass kein gerichteter Trend vorliegt. Im Fall B (rechts) ist durch eine kontinuierliche Erhöhung der Temperatur gekennzeichnet. Die **Regressions- und Korrelationsanalyse** erlaubt es, die Zusammenhänge zu quantifizieren. Eine lineare Regression lässt sich im einfachsten Fall (ohne die Anwendung von kommerziellen Statistik-Programmen) mittels MS Excel berechnen, indem wir in den Funktionen der Abbildung eine Trendlinie einfügen, sowie die Gleichung und das Bestimmtheitsmaß anzeigen

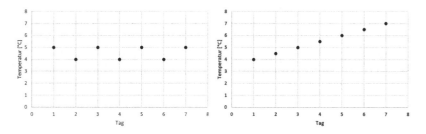

Abb. 4.4 Ergebnisse zweier hypothetischer Messungen der Kühlschrank-Temperatur

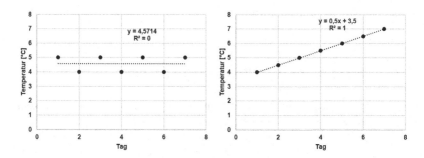

Abb. 4.5 Ergebnisse der Regressions- und Korrelationsanalyse der beiden Szenarien aus Abb. 4.4

lassen. Gemäß der Umfrage von Concept Heidelberg ist diese Analyse besonders beliebt, da >20 % der gefragten Teilnehmer u. a. die Regressionsanalyse zur Erkennung von **Trends** einsetzen (Concept Heidelberg GmbH 2014a).

Die **Regressionsgerade** ist als gepunktete Linie dargestellt. Die Gleichung, die der Regressionsgerade zugrunde liegt, ist im oberen Bereich der Abb. 4.5 gezeigt. Diese Gleichung besteht (sofern eine Veränderung vorliegt) aus einer Steigung (im Fall B 0,5x, Abb. 4.5 rechts) und einem Achsenabschnitt (im Fall B 3,5, Abb. 4.5; d. h. wenn die Gerade bis zur y-Achse durchgezogen werden würde, ist der Schnittpunkt der Gerade mit der Achse 3,5). Im ersten Fall (links in Abb. 4.5) liegt die Regressionsgerade mittig zwischen den Datenpunkten und verläuft horizontal. Dies bedeutet, dass trotz der Schwankungen keine gerichtete Veränderung der Ausprägungen (Ergebnissen) des Merkmals Temperatur auftritt. Das Bestimmtheitsmaß R^2 kommt in diesem Fall auf 0. Das bedeutet, dass es keinerlei Zusammenhang zwischen Temperatur und Zeit existiert. Im Fall B (rechts in Abb. 4.5) geht die Regressionsgerade durch alle Datenpunkte und weist jetzt eine Steigung (0,5x) auf. In anderen Worten nimmt die Temperatur jeden Tag um 0,5 °C zu. Das Bestimmtheitsmaß R^2 beträgt 1, nimmt also den maximalen Wert ein. Es gibt in diesem Fall einen starken Zusammenhang zwischen der Zeit und der Temperatur. Je mehr Zeit vergeht, desto höher wird die Temperatur, nimmt jeden Tag präzise um 0,5 °C zu. Die Zeit ist natürlich nicht die Ursache des Temperaturanstiegs. Es muss irgendeine **Fehlerursache** vorliegen. Zum Beispiel könnte der Anstieg dadurch verursacht werden, dass täglich immer mehr Ware in den Kühlschrank eingelagert wird und die Kapazität des Kühlschranks, die Temperatur konstant zu halten, überfordert wird. Es könnte aber auch eine defekte Dichtung sein, die sich bei jeder Öffnung weiter löst. Der wesentliche

Punkt ist erneut, Trendanalysen helfen uns, die Entwicklungen zu erkennen, nicht aber deren Ursache zu ermitteln. Dafür müssen Spezialisten vor Ort genau prüfen, warum der Kühlschrank im Fall B nicht mehr in der Lage ist, die Temperatur zu halten.

Das Kühlschrank-Beispiel in unserem Haushalt ist gar nicht so weit entfernt von Anwendungsgebieten in der **pharmazeutischen Industrie**. Einige Ausgangsstoffen, Laborreagenzien, aber auch einige Arzneimittel müssen bei kühlen Temperaturen, meist 2–8 °C gelagert werden. Die Kühlschränke oder Kühlräume, in denen sich temperatursensitive Materialien befinden, werden ebenfalls auf Einhaltung der Temperaturkonstanz überprüft. Hierbei erfolgt aber gewöhnlich keine aktive Messung durch Personen. Es gibt sog. Datenlogger, die im Inneren platziert werden und z. B. mehrfach pro Minute die Temperatur über einen längeren Zeitraum messen und speichern. Im Anschluss, z. B. nach zwei Wochen wird der Datenlogger entnommen, die Daten am Computer ausgelesen, grafisch dargestellt und geprüft, ob sich die Temperatur stets im Sollbereich befand. Dies stellt eine Form des **Trendanalyse** dar.

Nehmen wir als zweites Beispiel den Gehalt einer Zwischenstufe eines Arzneimittels, dass in internationalen Einheiten gemessen wird (wie z. B. Insulin). Im Fertigungsprozess wird bei der Verarbeitung der Charge eine Probe gezogen und der Gehalt bestimmt. Da dies eine Zwischenstufe und nicht das Endprodukt ist, wird die analytische Prüfung **In-Prozess-Kontrolle** (IPC) genannt. Das Ergebnis der IPCs von 11 aufeinanderfolgenden Chargen ist in Abb. 4.6 gezeigt. Nehmen

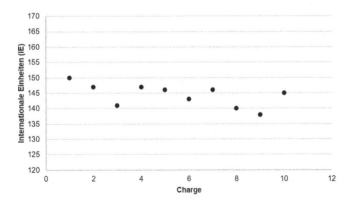

Abb. 4.6 Grafische Darstellung der Ergebnisse einer In-Prozess-Kontrolle zur Bestimmung des Gehalts über mehrere Chargen hinweg

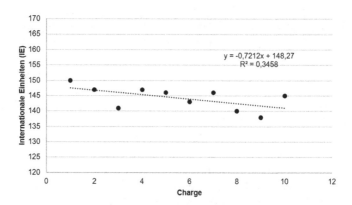

Abb. 4.7 Ergebnisse der linearen Regression und Bestimmtheitsmaß der Daten aus Abb. 4.6

Sie sich ein wenig Zeit, um sich selbst einen Eindruck zu verschaffen. Liegt hier ein Trend vor?

Visuell können **Stufentrends** ausgeschlossen werden, aber eventuell könnte eine kontinuierliche Abnahme vorliegen. Das Ergebnis der Analyse ist in Abb. 4.7 dargestellt. Die **Regressionsgerade** ist erneut als gepunktete Linie eingezeichnet. Die Gleichung lautet $y = -0{,}7212x + 148{,}27$. Der Wert $-0{,}7212 \times$ bedeutet, dass das Messergebnis (IE) von Charge zu Charge um $-0{,}7212$ IE abnimmt. Das Ergebnis der Korrelationsanalyse ist $R^2 = 0{,}3458$. Dieser Wert schwankt bekanntlich zwischen 0 und 1. Das Ergebnis von 0,3458 ist eher niedrig, weist also auf keinen deutlichen Zusammenhang zwischen dem Ergebnis und aufeinanderfolgenden Chargen auf. Für den R^2-Wert gibt es keinen pauschalen **Grenzwert.** Häufig sind in der Analytik Werte von 0,90–0,99, die als starker Zusammenhang gewertet werden. Bei komplexeren Sachverhalten und mehreren Einflussfaktoren können bereits Werte ab 0,5 R^2 einen bedeutungsvollen Zusammenhang andeuten. Die Frage, ob die dargestellte Reihe kritisch ist, lässt sich nicht ohne weiteres beantworten. Dazu müssten wir die **Spezifikation,** also den Wertebereich, den das Zwischenprodukt erfüllen muss, kennen. Sofern das Zwischenprodukt eine Spezifikation von 120–170 IE hat, würde keine kritische Situation vorliegen. Sofern jedoch die Spezifikation 135 – 165 IE beträgt, wäre die Entwicklung bereits als kritisch einzustufen, da sich diese schwache Entwicklung weiter fortsetzen könnte und das Ergebnis bereits nahe der Spezifikationsgrenze liegt.

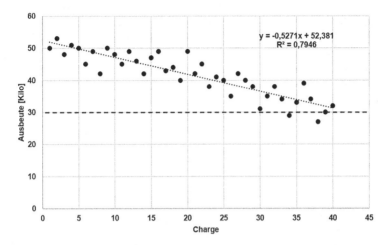

Abb. 4.8 Beispiel für die Analyse von größeren Datensätzen mittels Regressions- und Korrelationsanalyse

Bei Merkmalen, die eine gewisse Variabilität (Schwankung) der Ausprägung (Ergebnis) zeigen, werden selten sehr hohe Werte für R^2 erreicht. Es ist aber auch von der Menge der Datenpunkten und der Stärke des Effekts abhängig. Zur Verdeutlichung des Effekts der Anzahl der Datenpunkte, aber auch des Dilemmas des Trendanalysten, dient das letzte Beispiel.

In diesem Fall wurden die Ergebnisse der letzten 40 Chargen bezüglich der Ausbeute in Kilo während des Prozesses grafisch dargestellt (Abb. 4.8). Der Verlauf ist ähnlich wie in Abb. 4.7, allerdings setzt sich der negative Trend fort. Durch die größere Anzahl der Chargen beträgt das Bestimmtheitsmaß R^2 0,7946, ist also deutlich höher als zuvor. Das Dilemma zeigt sich jedoch an der horizontalen, gestrichelten Linie. Diese stellt die untere **Spezifikationsgrenze** dar. Chargen, die diesen Wert nicht erreichen, werden gestoppt, da sie z. B. nicht mehr der Zulassung entsprechen. In diesem Fall wäre, wenn der Trendanalyst auf genügend Werte wartet, um statistisch eine besseres Bestimmtheitsmaß zu erhalten, der Schaden schon längst eingetreten. Die Ausbeuten von zwei der dargestellten Chargen liegen bereits unter der unteren Spezifikationsgrenze. **Trending** soll aber dazu dienen, entstehende Veränderungen in einer Frühphase zu erkennen, damit die Ursache durch geeignete Maßnahmen behoben wird, um den Prozess unter Kontrolle zu halten. Aus diesem Grund erfordert Trending mehr als nur auf statistische Kennwerte zu schauen, nämlich Erfahrung und Fingerspitzengefühl. In diesem Fall wäre die Anwendung der in dem Abschnitt zuvor dargestellten **Qualitätsregelkarten** effektiver als die Regressionsanalyse, frühzeitig auf negative Veränderungen reagieren zu können, da bereits eine mehrmalige Unterschreitung der unteren Warngrenze zu einer genaueren Analyse führen würde.

Ein ähnliches Szenario ergibt sich bei der Analyse unseres Beispielprozesses aus Abschn. 2.4. Das Bestimmtheitsmaß R^2 von den ersten 8 Ergebnissen vor dem Auftreten der beiden OOS-Chargen beträgt 0,8092. Dies könnte vom **Trendanalysten** als Abhängigkeit des Gehaltswerts von aufeinanderfolgenden Chargen gewertet werden, aber auch hier besteht keine Sicherheit, dass auf Basis des statistischen Kennwerts eine Reaktion in Form einer Ursachenanalyse erfolgen würde.

4.3   Trendtest nach Neumann

Die im vorherigen Abschnitt dargestellte Regressions- und Korrelationsanalyse hilft, den Zusammenhang zwischen zwei Größen zu ermitteln und Aussagen zu treffen, um welchen Betrag sich ein **Qualitätsattribut** pro Einheit (z. B. Zeiteinheit) verändert. Diese Analyse erlaubt jedoch keine objektive Aussage, ob ein Trend vorliegt. Es obliegt der individuellen Bewertung des Trendanalysten, ob und wann eine Entwicklung als Trend eingestuft wird.

Ein gibt andere statistische Mittel, die eine Aussage erlauben, ob statistisch ein **Trend** vorliegt. Es gibt sowohl Tests, bei denen die in Abschn. 4.1 besprochene Normalverteilung keine Voraussetzung für die Anwendung ist und solche, die eine Normalverteilung der Daten voraussetzen (Köppel und Wätzig 2009a). Ein Beispiel ist der **Neumann-Trendtest,** der eine Normalverteilung der Daten voraussetzt und im pharmazeutischen Bereich sehr beliebt ist. Die zuvor genannte Umfrage von Concept Heidelberg ergab, dass über 10 % der Teilnehmer diesen Test einsetzen. Zudem war es der einzig ausgewiesene statistische Trendtest, der überhaupt von den Teilnehmern der Umfrage genannt wurde (Concept Heidelberg GmbH 2014a). Dieser Test kann mit vergleichsweise wenig Aufwand berechnet werden und liefert als Ergebnis eine Antwort, ob ein statistisch ein Trend vorliegt. Allerdings quantifiziert dieser Test nicht die Stärke des Zusammenhangs wie bei der Regressions- und Korrelationsanalyse.

Als Beispiel nehmen wir die Ergebnisse der Gehaltsbestimmung der letzten 8 Chargen eines Arzneimittels. Die Ergebnisse sind bereits grafisch dargestellt inklusive der **Warn- und Eingriffsgrenzen,** also einer **Qualitätsregelkarte.** In der Grafik ist bereits visuell eine Zunahme des Gehalts zu erkennen. Erneut wird deutlich, dass die eingezeichneten **Toleranzgrenzen** helfen, um eine kritische

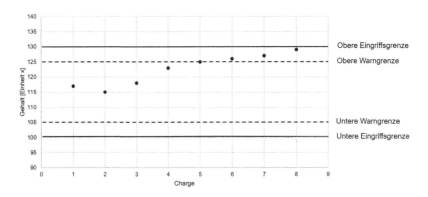

Abb. 4.9 Qualitätsregelkarte mit einer aufsteigenden Zahlenreihe

Entwicklung zu erkennen. Die letzten 3 Ergebnisse liegen über der oberen Warngrenze (Abb. 4.9). Auf Basis der visuellen Betrachtung würden wir hier vermuten, dass bald die obere Eingriffsgrenze überschritten wird. Im nächsten Schritt wird überprüft, welche Aussage uns der **Trendtest nach Neumann** liefert.

Bei händischer Durchführung werden gewöhnlich zwei statistische Größen berechnet (Köppel und Wätzig 2009b; ChemgaPedia 2020), wir verwenden hier jedoch eine vereinfachte Formel (faes.de 2020b).

$$\text{Formel:} \quad PG = \frac{\sum (x_i - x_{i+1})^2}{(n-1)s^2}.$$

PG bedeutet **Prüfgröße**. In verschiedenen Literaturquellen gibt es unterschiedliche Ausdrücke wie z. B. Q (Kromidas 2011), meint aber immer das gleiche. x_i meint jeden einzelnen Messwert, x_{i+1} den jeweils folgenden Messwert, n die Anzahl der analysierten Messwerte und s^2 die Varianz des Datensatzes.

Als erstes muss die sog. „mittlere quadratische Abweichung von aufeinanderfolgenden Messwerten", auch Δ^2 genannt, berechnet werden. Das hört sich schwierig an, ist aber nichts anderes, als dass wir von jedem Messwert den Folgewert abziehen und die Summe quadrieren, also mit sich selbst multiplizieren. Die Berechnungsfolge ist in Tab. 4.1 gezeigt.

Der Mittelwert beträgt 123 (Einheit kann vernachlässigt werden) mit einer Standardabweichung von 5,28. Die Varianz (Standardabweichung mit sich selbst multipliziert) ergibt 26,83. Für Δ^2 wird von jedem Ergebnis der Folgewert abgezogen (z. B. 117–115 = 2) und das Ergebnis quadriert ($2 \times 2 = 4$). Dies erfolgt

Tab. 4.1 Berechnung des Trendtest nach Neumann auf Vorliegen eines statistisch signifikanten Trends

Charge	Ergebnis	Δ^2
1	117	-
2	115	4
3	118	9
4	123	25
5	125	4
6	126	1
7	127	1
8	129	4
Mittelwert	123	Summe: 48
Standardabweichung	5,28	Summe/(n − 1) = 6,86
Varianz (s^2)	26,83	
PG	0,2556	
Kritischer Wert	0,6628	

für alle Zahlen der Reihe, die Ergebnisse dieser Berechnung werden in die Spalte neben den Messergebnissen geschrieben (Tab. 4.1). Das nächste Paar ist 115–118 = −3. Der Wert −3 ergibt mit sich selbst multipliziert 9. Das macht deutlich, dass egal, ob der folgende Wert kleiner oder größer ist als der Folgewert, ein positives Ergebnis (sog. Betrag) erhalten wird. Die einzelnen Zwischenergebnisse (4, 9, 25 etc.) werden zur Summe 48 addiert. Diese Summe wird durch die Anzahl der um 1 reduzierten analysierten Ergebnisse (n = 8; n − 1 = 7) geteilt.

Jetzt haben wir beide Größen, die zur Berechnung der **Prüfgröße** (PG) gebraucht werden, die Varianz s^2 und Δ^2. Das Ergebnis für Δ^2 von 6,86 wird durch 26,83 geteilt und ergibt gerundet 0,2556 (Tab. 4.1).

Die Frage, ob ein **Trend** vorliegt, wird abschließend durch Vergleich des Ergebnisses für die Prüfgröße von 0,2556 mit einem sog. **kritischen Tabellenwert** bewertet. Dieser hängt von der Anzahl der analysierten Ergebnisse **n** und dem gewünschten **Signifikanzniveau** ab. Das Signifikanzniveau bestimmt, wie stringent die Aussage sein soll. Vereinfacht ausgedrückt bedeutet ein statistisch signifikantes Ergebnis, dass es bedeutungsvoll ist, also nicht auf Zufall beruhend. Es gibt für Signifikanztests 3 häufig verwendete Signifikanzniveaus: 5 % (signifikant), 1 % (hochsignifikant) und 0.1 % (höchstsignifikant) (Carley und Lecky 2003). Sofern wir keinerlei Erfahrung mit unserem analysierten **Qualitätsattribut** (Gehalt von Arzneimittel X) haben, wird gewöhnlich das Niveau 5 % gewählt. Da es im pharmazeutischen Betrieb sehr ungewöhnlich wäre, keinerlei Vorerfahrung mit dem Qualitätsattribut zu haben, wählen wir hier 1 %. Tabellen mit den kritischen Werten für verschiedenen Stichprobengrößen und Signifikanzniveaus sind kostenfrei online verfügbar (faes.de 2020c).

In der Tabelle mit kritischen Werten für den **Trendtest nach Neumann** erhält man als kritischen Wert für n = 8 und einem Signifikanzniveau von 1 % den Wert 0,6628. Die **Prüfgröße** ist mit 0,2566 kleiner als der kritische Wert. Somit liegt statistisch signifikant ein Trend vor. Das Ergebnis des Neumann-Tests unterstützt also die visuelle Einschätzung, dass ein **Trend** vorliegt.

Die Anwendung des **Trendtests nach Neumann** ist recht einfach, die Anwendbarkeit sollte aber für jedes analysierte Qualitätsattribut vorher überprüft werden. Zum Beispiel eignet sich dieser Test hervorragend für die Trendanalyse von **Qualitätsattributen** von klassischen Arzneimitteln, die mittels chemischer Analysemethoden analysiert werden. Bei Qualitätsattributen, die eine größere Schwankung (Variabilität) aufweisen, ist der Trendtest nach Neumann nicht immer ein gut geeignetes Werkzeug, um **Trendanalysen** durchzuführen. Beispiele hierfür sind viele biologische Arzneimittel, die mittels bioanalytischer Methoden untersucht werden. Bioanalytische Methoden weisen häufig eine größere Variabilität auf als chemische Methoden und auch die Variabilität von biologischen Arzneimitteln ist meist größer. In vielen Fällen ist die Aussagen von statistischen Trendanalysen aufgrund dieser größeren Variabilität stark eingeschränkt.

Um zu verdeutlichen, dass der **Trendtest nach Neumann** nicht immer sinnvolle Ergebnisse liefert, dient ein zweites, ähnliches Beispiel. Wir verändern nur eins der 8 Ergebnisse aus Tab. 4.1. Das fünfte Ergebnis von 125 wird durch 115 ersetzt, die anderen bleiben identisch. Mit anderen Worten bleibt die Datenreihe weiter kritisch, da die drei letzten Ergebnisse über der **oberen Warngrenze** liegen und sich der Eingriffsgrenze annähern (Abb. 4.10).

Wir wiederholen die Berechnung des **Trendtests** mit dem geänderten Datensatz. Die Varianz s^2 ist etwas höher im Vergleich zu Tab. 4.1. Die Größe, die sich am deutlichsten ändert, ist Δ^2 mit 32.57 (vorher 6,86). Die Division von 32,21/32,57 ergibt eine neu berechnete Prüfgröße von 1,0111. Der kritische Tabellenwert bleibt gleich, da die Anzahl der Messwerte und das **Signifikanzniveau** gleichbleiben. Die Prüfgröße von 1,0111 ist größer als der kritische Wert von 0,6628 (Tab. 4.2). Damit kommt der **Trendtest nach Neumann** zur Aussage, dass kein statistisch signifikanter Trend vorliegt. Dies ist zum einen nicht verwunderlich, da diese Daten eine höhere Variabilität aufweisen. D. h. der Trendtest erkennt in dem „Datenzickzack" keine gerichtete Veränderung mehr. Trotzdem bleibt die Entwicklung kritisch und der Trendanalyst, der sich nur auf statistische Kennwerte (Trend ja/nein) verlässt, würde diese kritische Entwicklung übersehen, die dazu führen kann, dass die Kontrolle über den Prozess verloren geht.

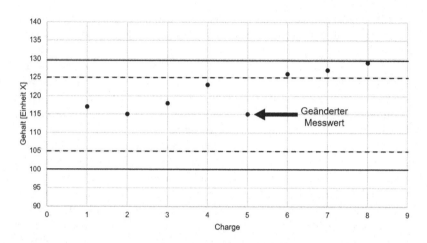

Abb. 4.10 Qualitätsregelkarte mit einem geänderten Wert von 8 aufeinanderfolgenden Ergebnissen des Gehalts eines Arzneimittels mit Toleranzgrenzen

Tab. 4.2 Berechnung des Trendtests nach Neumann für das zweite Beispiel aus Abb. 4.10

Charge	Ergebnis	Δ^2
1	117	-
2	115	4
3	118	9
4	123	25
5	115	64
6	126	121
7	127	1
8	129	4
Mittelwert	121	Summe: 228
Standardabweichung	5,68	Summe/7 = 32,57
Varianz (s^2)	32,21	
PG	32,57/32,21 = 1,0111	
Kritischer Wert	0,6628	

Tab. 4.3 Berechnung des Trendtests nach Neumann mit den Daten des Beispielprozesses aus Abschn. 2.4

Charge	Ergebnis	Δ^2
1	148	-
2	156	64
3	143	169
4	151	64
5	162	121
6	173	121
7	177	16
8	189	144
Mittelwert	162	Summe: 699
Standardabweichung	15,98	Summe/7 = 32,57
Varianz (s^2)	225,41	
PG	32,57/225,41 = 0,1275	
Kritischer Wert	0,6628	

Als letztes Beispiel überprüfen wir, ob das Problem in unserem Beispielprozess aus Abschn. 2.4 mit diesem statistischen **Trendtest** erkannt worden wäre. Wir analysieren die ersten 8 Ergebnisse, um zu prüfen, ob vor dem Auftreten der **OOS-Resultate** einen Trend festgestellt worden wäre.

Die **Prüfgröße** beträgt 0,1275 und ist kleiner als der kritische Wert von 0,6628. Es wird durch den Trendtest nach Neumann ein statistisch signifikanter Trend des analysierten Merkmals festgestellt (Tab. 4.3). Sofern in unserem Beispiel dieser Test eingesetzt worden wäre, hätte rechtzeitig reagiert werden können, um die Ursache zu ermitteln und so den Schaden verhindern können. Diese Annahme setzt allerdings voraus, dass die korrekte Fehlerursache auch gefunden wird. **Ursachenanalysen** sind sehr aufwendig, da die gesamte relevante Dokumentation geprüft werden muss und teilweise weitere Tests notwendig sind, um einen Kausalfaktor durch weitere Tests zu bestätigen.

In Abschn. 3.3 wurde erwähnt, dass alle Typen von **Trendtests** subjektive Elemente haben. Die Berechnung des **Trendtests nach Neumann** ermöglicht eine objektive Bewertung, ob ein Trend mit statistischer Signifikanz vorliegt, jedoch wählt der Anwender die Parameter wie z. B. die Anzahl der analysierten Werte und das Signifikanzniveau. Sofern wir eine Zahlenreihe aus 15 Werten analysieren, besteht z. B. das Risiko, dass der Trendtest negativ ausfällt (Aussage:

Kein Trend), obwohl innerhalb der Zahlenreihe ein echter Trend vorliegt. In diesen Fällen wird der Trend durch die davor und danach auftretenden normalen Werte maskiert. Die Entscheidung, wie viele Werte analysiert werden und welches Signifikanzniveau gewählt wird, muss im Einzelfall risikobasiert werden. Der Trendtest nach Neumann ist nicht unbedingt der beste Trendtest und weist einige Schwächen auf (Köppel et al. 2010), hat aber den Vorteil, dass er sehr bekannt ist.

Es gibt neben dem **Trendtest nach Neumann** zahlreiche weitere statistische Trendtests, häufig weniger bekannt, z. B. die Trendtests nach **Cox und Stuart** oder **Mann** (Köppel und Wätzig 2009a). Die Tests unterscheiden sich bezüglich ihrer Qualität für bestimmte Anwendungsgebiete (z. B. für normalverteilte und nicht normalverteilte Daten). Einige sind etwas aufwendiger zu berechnen, sodass statistische Software für die Durchführung benötigt wird bzw. die Durchführung für Nicht-Statistiker deutlich einfacher wird. In diesem Fall werden die Daten eingegeben und man erhält nach Auswahl der Kriterien und drücken des „Startknopfs" innerhalb von Sekunden ein Ergebnis. Klar im Vorteil ist derjenige, der Zugriff auf eine kommerzielle statistische Software mit integrierten **Trendtest-Analysefunktionen** hat. Diese Software-Lösungen sind jedoch häufig mit hohen Lizenzgebühren für die Nutzung der Software verbunden.

Zusammenfassend lässt sich festhalten, dass **statistische Trendtests** eine vergleichsweise objektive Aussage über das Vorliegen von Trends ermöglichen. Es sind zusätzlich jedoch Fachkenntnisse, also Erfahrung mit dem analysierten **Qualitätsattribut,** erforderlich, um die Bedeutung von statistisch signifikanten bzw. nicht signifikanten Resultaten richtig einstufen zu können.

Out of Trend Analysen Stabilitätsstudien

5

Ein wichtiger Aspekt von Arzneimitteln ist die **Haltbarkeit.** Diese wird durch sogenannte **Stabilitätsstudien** ermittelt, bei der Muster von verschiedenen Chargen langfristig bei der angegebenen Temperatur gelagert und zu bestimmten Zeitpunkten auf Einhaltung der **Qualitätsanforderungen** geprüft werden. Die Durchführung von Stabilitätsstudien ist im GMP-Leitfaden gefordert, aber nicht beschrieben wie dies zu erfolgen hat. Hierfür dienen verschiedene internationale Richtlinien, die sog. ICH-Richtlinien zum Thema Stabilität, mit den Bezeichnungen Q1A – Q1F. In diesen Richtlinien sind die Anforderungen an Stabilitätsstudien beschrieben, es finden sich z. B. Angaben zu Lagerungstemperaturen, Prüfzeitpunkten (in welchen Intervallen muss getestet werden), Möglichkeiten zur Reduzierung des Prüfumfangs, aber auch wie die Daten ausgewertet werden sollen (ICH 2003). Nach Zulassung des Arzneimittels müssen weiterführende Stabilitätsdaten generiert werden, in Form des sog. **fortlaufenden Stabilitätsprogramms** (EudraLex 2014), bei dem je eine Charge jeder Wirkstärke und Formulierung auf Stabilität untersucht werden muss. Die unterschiedliche Wirkstärke kennen viele von typischen fiebersenkenden Mitteln wie Paracetamol und Ibuprofen, bei denen es niedrigdosierte Formen für Kinder und z. B. zwei verschiedene Wirkstärken für Erwachsene gibt. Von diesen müssen pro Jahr je eine Charge auf Stabilität geprüft werden. Daneben gibt es auch Arzneimittel, die sich in anderen Faktoren unterscheiden, z. B. Impfstoffe, die als Einzeldosis für einen Menschen gedacht sind und Mehrfachbehälter, aus denen z. B. 10 Personen geimpft werden können. Auch hier müssen für die verschiedenen „Präsentationen" je eine Charge auf Stabilität geprüft werden.

Im Normalfall bestätigen die kontinuierlich erhobenen Stabilitätsdaten die **Haltbarkeit** des Arzneimittels (z. B. 36 Monate). Es kann aber auch sein, dass sich der Verlauf aufgrund unbekannter Einflussfaktoren ändert, dass Ergebnis also

P. U. B. Vogel et al., *Trending in der pharmazeutischen Industrie,* essentials, https://doi.org/10.1007/978-3-658-32207-6_5

außerhalb eines vorhergesagten (oder erwarteten) Intervalls liegt. Dies wird **OOT** (Abkürzung des englischen Begriffs Out of Trend) genannt (Concept Heidelberg GmbH 2014b). Diese sind nicht nur auf die Analyse von Stabilitätsdaten beschränkt. Das ist vom Prinzip her genau das gleiche wie das Trending von den bereits vorgestellten Beispielen.

Eine **Stabilitätsstudie** ist eine langwierige Angelegenheit. Bei Arzneimitteln, die eine Haltbarkeit von 36 Monaten haben, dauern Stabilitätsstudien länger als 3 Jahre (da abschließend auch Prüfzeitpunkte nach Ende der Laufzeit geprüft werden). Sofern wir die Daten erheben, dokumentieren und einfach nur abheften, um dann nach Abschluss der Studie einen Bericht zu schreiben, wäre das Ziel **Trending** verfehlt. Das würde im schlimmsten Fall bedeuten, dass eine kritische Veränderung erst dann bemerkt wird, wenn es zu spät ist. Eine Nicht-Erfüllung der Qualitätsanforderungen würde zwar nicht gänzlich unbemerkt bleiben, da es ein zusätzliches System in der Qualitätskontrolle gibt, dass sog. **OOS-Verfahren** (vom englischen Begriff Out-of-Specification). Dieses System greift immer dann, wenn ein Qualitätsattribut (Gehalt, Verunreinigung, Aussehen etc.) die Spezifikation nicht erfüllt, egal ob bei der Freigabe oder während einer Stabilitätsstudie.

Trending bezieht sich nicht primär auf den Bereich außerhalb der Anforderungen (**OOS**), sondern auf den Bereich zuvor. Damit ist gemeint, dass man kritische Veränderungen, die zu einem OOS während er Laufzeit führen könnten, erkennt. Erst das ermöglicht, angemessen auf qualitätskritische Veränderungen reagieren zu können. Arzneimittel-Hersteller stellen über das Jahr mehrere Chargen eines Arzneimittels her. Das können je nach Bedarf einige wenige sein bis hin zu Dutzenden. Der entscheidende Punkt hierbei ist, dass die Charge, die auf Stabilität geprüft wird, nur eine von mehreren ist, die ausgeliefert und verkauft wurde. Diese Charge wird als repräsentativ für alle anderen in der Periode gefertigten Chargen angesehen. Diese Stabilitätsprüfung erfolgt nicht vorher, sondern parallel zur Anwendung am Patienten. Sofern wir erst am Ende (z. B. nach 3 Jahren) feststellen, dass sich die Haltbarkeit verschlechtert hat, sind diese Produkte schon vielen Menschen verabreicht worden. Aus diesem Grund ist auch hier wichtig, dass die erhobenen Daten kontinuierlich überprüft werden, damit man sofort reagieren kann, um eine Schädigung des Patienten zu vermeiden.

Es gibt Arzneimittel, die bezüglich der relevanten **Qualitätsattribute** absolut stabil sind. Es gibt aber auch Arzneimittel, deren Haltbarkeit aufgrund einer Veränderung der Qualitätsattribute festgelegt wurde. In diesen Fällen steht der Verlauf dieses Qualitätsattributs, z. B. der Gehalt, einen Parameter dar, der sich über die Zeit verändert, also einen **Trend** aufweist. Im Gegensatz zu den zuvor beschriebenen Eigenschaften geht es aber nicht um diesen Trend (z. B. kontinuierliche

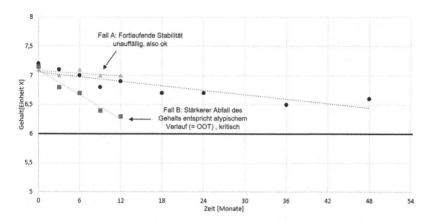

Abb. 5.1 Stabilitätsverlauf eines Produkts sowie zweier möglichen Szenarien für Stabilitätsdaten von Chargen nach erfolgter Zulassung des Produkts

Abnahme des Gehalts), da wir ihn kennen und auf Basis dieser Veränderungen auch die Haltbarkeit auf z. B. 36 Monate festgelegt wurde. Bei der Analyse von **OOT**-Resultaten geht es um das Erkennen von Abweichungen von dem bekannten Muster.

Nehmen wir als Beispiel ein Produkt mit 36 Monaten Haltbarkeit (Abb. 5.1). Der Stabilitätsverlauf des Produkts ist durch die schwarzen Punkte gekennzeichnet mit der gepunkteten Linie, die den mittleren Stabilitätsverlauf anzeigt. Diese Daten wurden vor Zulassung und sind hier nur zum Vergleich eingezeichnet. Der Minimum-Gehalt, der nicht unterschritten werden darf, ist als schwarze horizontale Linie eingezeichnet. Beim **fortlaufenden Stabilitätsprogramm** werden nun kontinuierlich weiter Stabilitätsdaten für andere Chargen erzeugt. Im Fall A (Datenpunkte als Pyramide dargestellt) ist der Abfall des Gehalts schwächer ausgeprägt. In diesem Fall gibt es keinen Grund zur Sorge, da sich die Charge ähnlich oder sogar besser verhält als die zugelassenen Stabilitätsdaten. Im Fall B sind die einzelnen Ergebnisse als Rechteck dargestellt. Fall B zeigt einen atypisch starken Verlust des Gehalts an. In diesem Fall besteht das Risiko, dass der Gehalt weit vor Ablauf der Haltbarkeit den Minimum-Gehalt unterschreitet. Dieser Fall ist offensichtlich ein **OOT,** d. h. die Charge verhält sich nicht so wie erwartet. Diese Fälle sind sicher sehr selten, doch wenn solch eine kritische Abweichung von den Erwartungen festgestellt wird, muss gehandelt werden. Im Normalfall (z. B. wenn sich bestätigt, dass die Ergebnisse richtig sind) wird ein Rückruf der in dem Zeitraum verkauften Chargen durchgeführt. Wichtig ist, dass in diesem Fall noch kein Schaden entstanden ist. Alle Ergebnisse im Fall B erfüllen die **Spezifikation.** In diesem Fall hat der Hersteller Zeit, die betroffenen Chargen aus dem Markt zurückzurufen, bevor ein Schaden beim Patienten entsteht.

In Praxis sind die Daten häufig nicht so glasklar wie in diesem Beispiel. Die wichtige Frage ist, wann reagiert wird. Ähnlich wie beim reinen **grafischen Trending** in Abb. 3.7 (Abschn. 3.4) ist in Abb. 5.1 nur eine Grenze, der Minimum-Gehalt (in Abb. 3.7 war es eine Obergrenze) eingezeichnet ohne weitere Bezugspunkte. Wie stark muss eine Abweichung sein, damit sie als **OOT** gewertet wird? Das legen die Hersteller selbst auf Basis von Risikoanalysen fest. Zum Beispiel wäre eine Möglichkeit, ein sog. Konfidenzintervall, also einen Vertrauensbereich, um die zugelassenen Stabilitätsdaten zu berechnen. Diese Konfidenzintervalle sind in der Mitte eng und laufen auf beiden Enden (Start und Ende der Studie) wie Trichter auseinander. Bei Anwendung des Konfidenzintervalls wäre jeder Datenpunkt, der nicht im Intervall liegt, als OOT zu betrachten. Es gibt daneben auch andere Ansätze, die praktiziert werden.

Zusammenfassung 6

Trending ist ein wichtiges „Werkzeug", dass eingesetzt wird, um potenziell kritische Veränderungen festzustellen, bevor sie zu einem echten Problem werden. Aus diesem Grund ist Trending ein Mittel, um Probleme und Kosten zu vermeiden, was sowohl der Patientensicherheit dient, aber auch wirtschaftliche Verluste vermeiden kann. Allerdings kostet Trending Zeit, und die ist im pharmazeutischen Unternehmen grundsätzlich knapp bemessen. Aus diesem Grund wird Trending immer teilweise noch stiefmütterlich behandelt. Dies spiegelt sich in dem häufigen Vorgehen, **adhoc-Analysen** durchzuführen, wider, die in ca. ¼ der Fälle eingesetzt werden (Concept Heidelberg GmbH 2014a). Adhoc heißt eigentlich, dass kein Trending etabliert ist, jemand sich aber trotzdem aufgrund eines Vorfalls wie z. B. einer Abweichung oder einem nicht spezifikationskonformen Resultat einen schnellen Überblick verschaffen möchte. Dazu werden schnell Daten „zusammengekratzt" und irgendwie ausgewertet. Auch wenn dieses intuitive Vorgehen wertvolle Ergebnisse liefern kann, hat dies mit dem Wesen einer kontinuierlichen Überprüfung nichts zu tun. Wie viele Trends wurden eventuell übersehen, bei denen die Ausprägung der Abweichung schwächer ausfiel? Daneben sind solche Analysen stark individuell, also von der Erfahrung des ausführenden Analysten abhängig. Ganz zu schweigen von der Erfüllung von grundsätzlichen **GMP-Anforderungen** zur Dokumentation, Datenechtheit und Richtigkeit sowie weitere Aspekte bei der Verwendung computergestützter Systeme, zu denen auch einfache Tabellenkalkulationsprogramme gehören. Sofern keine Standard-Arbeitsanweisung (SOP) existiert, die beschreibt, wann, wie und mit welchen Bewertungskriterien Trendanalysen erfolgen, ist Trending nicht standardisiert und damit subjektiv.

© Der/die Autor(en), exklusiv lizenziert durch Springer Fachmedien Wiesbaden GmbH, ein Teil von Springer Nature 2020
P. U. B. Vogel et al., *Trending in der pharmazeutischen Industrie,* essentials, https://doi.org/10.1007/978-3-658-32207-6_6

Trotzdem werden **Trendanalysen** eine zunehmende Bedeutung erlangen. Falls einige der Leser eventuell eine Beschäftigung in der pharmazeutischen Industrie anstreben, kann statistisches Wissen, zu dem auch Trendanalysen gehören, zum echten Bewerbungsvorteil werden. Gerade Firmen, die Trending einführen möchten, jedoch nicht so genau wissen wie, können von zusätzlichem Fachwissen profitieren. Somit können Interessenten Ihre Berufsaussichten deutlich verbessern, indem sie statistische Kenntnisse mitbringen.

Wichtig ist sich zu merken, Trendanalysen offenbaren ungünstige Entwicklungen, können das Problem aber nicht abstellen. Sie erhöhen lediglich die Entdeckungswahrscheinlichkeit eines Problems, dass in der Folge über andere **Qualitätssysteme,** z. B. eine ausführliche **Ursachenanalyse** durch Expertenteams auf den Grund gegangen wird. Nur wenn die Ursache gefunden wird, kann der Fehler behoben werden, bevor sich die Entwicklung in den „roten" Bereich fortsetzt.

Aus betriebswirtschaftlicher Sicht sollte beim **Trending** aber nicht übertrieben werden. Es werden in einem üblichen Herstellungsprozess hunderte Parameter gemessen bzw. dokumentiert. Sofern alle Parameter auf Trends überprüft werden sollten, müssten ganze Teams von Trendanalysten beschäftigt werden und das wäre unwirtschaftlich, da in validierten Prozessen die meisten Parameter über viele Jahre stabil bleiben. In diesen Fällen wäre die Trendanalyse aller Daten die Suche nach der Nadel im Heuhaufen, die vielleicht gar nicht existiert. Aus diesem Grund ist es wichtig, zu priorisieren. Was sind die kritischen Prozessparameter und Qualitätsattribute, die für die **Produktqualität** und **Patientensicherheit** besonders wichtig sind? Diese Frage kann am besten durch **Risikoanalysen** geklärt werden. Das sind Dokumente, die alle noch so kleinen Schritte auflisten und bewerten, ob diese Faktoren einen Einfluss auf die Qualität und Sicherheit haben könnten. Jeder Aspekt wird hinsichtlich der Entdeckungs- und Auftretenswahrscheinlichkeit sowie der Tragweite bewertet. Letztlich können sich aus so einer Risikoanalyse aus 100 Parametern z. B. 7 ergeben, die als besonders kritisch eingestuft werden und in der Folge auf Trends analysiert werden sollen. In diesem Szenario wäre die Auswahl der Parameter für das Trending zielgerichtet und eben kein Schrottschussverfahren.

Es gibt noch weitere Methoden, die Prozesse im pharmazeutischen zu überwachen. Zum Beispiel besteht eine kontinuierliche Prozessüberwachung aus vielen verschiedenen Elementen, von denen einige der dargestellten (z. B. **Qualitätsregelkarte**) Methoden nur Teilaspekte sind. Es kommen weitere statistische Methoden zur Überwachung der Prozesskontrolle zum Einsatz, wie z. B. die Berechnung der **Prozessfähigkeit** in Form von Kennzahlen von Cp oder Cpk. Die Darstellung dieser Kennzahlen hätte jedoch den Rahmen dieses Buchs gesprengt und fallen in den Bereich der statistischen Prozesskontrolle. Die in diesem Buch dargestellten Methoden haben den Vorteil, dass sie in fast allen Abteilungen (z. B. Produktion, Qualitätskontrolle, Qualitätssicherung, Lager) zur **Trendanalyse** eingesetzt werden können.

Was der Leser aus diesem *essential* mitnehmen kann

- Trendanalysen erlangen eine zunehmende Bedeutung im pharmazeutischen Unternehmen
- Die Überprüfung von Eigenschaften über die Zeit hilft, systematische Veränderung zu erkennen, die sich negativ auf die Produktqualität auswirken können
- Trendanalysen erhöhen die Entdeckungswahrscheinlichkeit, können jedoch die Fehlerursache nicht identifizieren
- Es gibt zahlreiche Formen des Trendings, jeweils mit Vor- und Nachteilen
- Qualitätsregelkarten sind eins der effektivsten Werkzeuge zur Trenderkennung

P. U. B. Vogel et al., *Trending in der pharmazeutischen Industrie,* essentials, https://doi.org/10.1007/978-3-658-32207-6

Literatur

Carley S, Lecky F (2003) Statistical consideration for research. Emerg Med J 20:258–62

ChemgaPedia (2020) Trendtest. https://www.chemgapedia.de/vsengine/vlu/vsc/de/ch/16/bbz/bbz_addin.vlu/Page/vsc/de/ch/16/bbz/bbz_addin_trend.vscml.html. Zugegriffen: 12.09.2020

Concept Heidelberg GmbH (2014a) Wann ist ein Trend ein Trend. https://www.gmp-navigator.com/gmp-news/wann-ist-ein-trend-ein-trend-ergebnisse-einer-umfrage. Zugegriffen: 22.09.2020.

Concept Heidelberg GmbH (2014b) Was ist der Unterschied zwischen OOS/OOE/OOT. https://www.gmp-navigator.com/gmp-news/was-ist-der-unterschied-zwischen-oos-ooe-oot. Zugegriffen: 22.09.2020

Doğan NÖ (2018) Bland-Altman analysis: A paradigm to understand correlation and agreement. Turk J Emerg Med 18:139–141; doi: https://doi.org/10.1016/j.tjem.2018.09.001

EudraLex (2009) Volume 4 – Good Manufacturing Practice (GMP) guidelines, Annex 1: Manufacture of sterile medicinal products. https://ec.europa.eu/health/sites/health/files/files/eudralex/vol-4/2008_11_25_gmp-an1_en.pdf. Zugegriffen: 20.09.2020.

EudraLex (2013) Volume 4 – Good Manufacturing Practice (GMP) guidelines Part I, chapter 1: Pharmaceutical Quality System. https://ec.europa.eu/health/sites/health/files/files/eudralex/vol-4/vol4-chap1_2013-01_en.pdf. Zugegriffen: 27.09.2020.

EudraLex (2014) Volume 4 – Good Manufacturing Practice (GMP) guidelines Part I, chapter 6: Quality control. https://ec.europa.eu/health/sites/health/files/files/eudralex/vol-4/2014-11_vol4_chapter_6.pdf. Zugegriffen: 15.08.2020.

EudraLex (2020) Volume 4 – Good Manufacturing Practice (GMP) guidelines Part I. https://ec.europa.eu/health/documents/eudralex/vol-4_en. Zugegriffen: 24.09.2020.

EU GMP-Leitfaden (2013) Teil 1, Kapitel 1: Pharmazeutisches Qualitätssystem. https://www.bundesgesundheitsministerium.de/fileadmin/Dateien/3_Downloads/Statistiken/GKV/Bekanntmachungen/GMP-Leitfaden/Kapitel_1_Pharmazeutisches_Qualitaetssystem.pdf. Zugegriffen: 28.09.2020.

EU GMP-Leitfaden (2014) Teil 1, Kapitel 6 Qualitätskontrolle. https://www.bundesgesundheitsministerium.de/fileadmin/Dateien/3_Downloads/Statistiken/GKV/Bekanntmachungen/GMP-Leitfaden/Kapitel_6_Qualitaetskontrolle_01.pdf. Zugegriffen: 28.09.2020.

© Der/die Herausgeber bzw. der/die Autor(en), exklusiv lizenziert durch Springer Fachmedien Wiesbaden GmbH, ein Teil von Springer Nature 2020
P. U. B. Vogel et al., *Trending in der pharmazeutischen Industrie*, essentials, https://doi.org/10.1007/978-3-658-32207-6

faes.de (2020a) Shewhart-Regelkarte. https://www.faes.de/Basis/Basis-Statistik/Basis-Sta tistik-Regelkarten/Basis-Statistik-Regel-Shewhart/basis-statistik-regel-shewhart.html. Zugegriffen: 20.09.2020.

faes.de (2020b) Trendtest nach Neumann. https://www.faes.de/Basis/Basis-Statistik/ Basis-Statistik-Trendtest-Neum/basis-statistik-trendtest-neumann.html. Zugegriffen 15.09.2020.

faes.de (2020c) Tabelle W(P)-Werte zum Trendtest nach Neumann. https://www.faes.de/ Basis/Basis-Statistik/Basis-Statistik-Tabelle-Neuman/basis-statistik-tabelle-neumann. html. Zugegriffen: 26.09.2020.

Flachskampf FA, Nihoyannopoulos P (2018) Our obsession with normal values. Echo Res Pract 5:R17–R21; doi: 10.1530/ERP-17-0082

ICH (2003) Evaluation for stability data Q1E. https://database.ich.org/sites/default/files/ Q1E%20Guideline.pdf. Zugegriffen: 13.08.2020.

ISO (2019) ISO 7870-1:2019(eng). Control charts – Part I: General guidelines. https:// www.iso.org/obp/ui/#iso:std:iso:7870:-1:ed-3:v1:en. Zugegriffen: 23.09.2020

Kharbach M, Cherrah Y, Heyden YV et al. (2017) Multivariate statistical process control in product quality review assessment – A case study. Ann Pharm Fr 75:446–454; doi: https://doi.org/10.1016/j.pharma.2017.07.003

Köppel H, Cianciulli C, Wätzig H (2010) Trendtests für die statistische Qua-litätskontrolle. https://www.researchgate.net/publication/263592773_Trends_in_der_sta tistischen_Qualitatskontrolle_Teil_3_Anwendung_und_Leistungsbewertung. Zugegrif-fen: 15.09.2020. PZ Prisma 17:229–243

Köppel H, Wätzig H (2009a) Trends in der statistischen Q, Teil I: Verteilungsfreie Tests. PZ Prisma 16:175–185.

Köppel H, Wätzig H (2009b) Trends in der statistischen Qualitätskontrolle, Teil 2: Verteilungsabhängige Tests. PZ Prisma 16:251–256

Kromidas S (2011) Validierung in der Analytik. Weinheim: Wiley-VCH.

MHRA (2017) Out of Specification & Out of Trend investigations. https://www.gov.uk/ government/publications/out-of-specification-investigations. Zugegriffen: 12.08.2020

Nour-Eldein H (2016) Statistical methods and errors in family medicine articles between 2010 and 2014-Suez Canal University, Egypt: a cross-sectional study. J Family Med Prim Care 5:24–33; doi: https://doi.org/10.4103/2249-4863.184619

Olsen CH (2003) Review of the use of statistics in infection and immunity. Infect Immun 71:6689–92

Vogel PUB (2020) Qualitätskontrolle von Impfstoffen. Wiesbaden: Springer VS.

Printed in the United States
By Bookmasters